折页装印刷品设计与印刷

ZHEYEZHUANG
YINSHUAPIN SHEJI
YU YINSHUA

李世全 李 元 著

U0251112

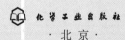

化学工业出版社

·北京·

折页装印刷品是日常生活中经常用到的纸质印刷品。本书根据折页装的特点，将折页装分类成平行折折页装、特殊折页装和地图折折页装；从设计与印刷结合的角度，介绍了折页装开本数及开本尺寸的范围和确定方法、开本形式、开本折页方式、折页装用纸要求、折页装的尺寸设计特点以及折页装与印刷设备的匹配关系；附录给出了各种印刷机印刷国际标准开本尺寸折页装数据，便于读者设计和印刷时查阅。

本书内容实用性和针对性较强，适合印刷品设计人员、印刷企业业务人员、生产管理人员、工艺人员阅读和使用。

图书在版编目（CIP）数据

折页装印刷品设计与印刷 / 李世全，李元著 .——北京：化学工业出版社，2015.1
ISBN 978-7- 122-22208-4

Ⅰ.①折 ... Ⅱ.①李 ... ②李 ... Ⅲ.①印刷品 – 设计
Ⅳ.① TS801.4

中国版本图书馆 CIP 数据核字（2014）第 252378 号

责任编辑：傅聪智
责任校对：蒋宇　　　　　　　　装帧设计：刘丽华

出版发行：化学工业出版社 (北京市东城区青年湖南街 13 号　邮政编码 100011)
印　　装：北京科信印刷有限公司
880mm×1230mm 1/32　印张 5½ 字数 158 千字
2015 年 2 月北京第 1 版第 1 次印刷

购书咨询：010-64518888(传真：010-64519686)
售后服务：010-64518899
网　　址：http://www.cip.com.cn
凡购买本书，如有缺损质量问题，本社销售中心负责调换。

定　价：38.00 元

前　言

　　纸质印刷品在生产生活中处处可见，与人们生活息息相关。就连迅猛发展的、自称为"虚拟世界"的互联网也仍然没能离开纸质印刷品，网络为宣传自己，也将网络内容出版成纸质印刷品。

　　折页装（包括单张散页）印刷品（以下简称折页装）是一类重要的纸质印刷品。它形式灵活、携带方便，广泛应用于各行各业。如政府机构的文告、专项宣传挂图，文体演出节目单、海报，医药行业的药品使用说明书、医疗服务项目介绍，化妆品宣传单，商场经营服务宣传单，餐饮业的菜谱，教育、培训招生简章，房地产开发楼盘介绍，金融、保险、电力等行业的公司产品、服务内容宣传，等等。可以说，折页装在社会生活中无处不在，有产品、有服务、有生活的地方就有折页装。

　　折页装有着广泛的应用领域，有着广泛的市场需求。尤其在越来越重视服务的当今时代，更是方兴未艾。但现在还没有关于折页装设计、印制的国家或行业规范，涉及折页装内容的图书也很少。未见专门叙述折页装设计、印制内容的书籍。为使折页装设计公司（多为广告设计公司）和印刷厂业务人员、生产管理人员工作方便，能与折页装用户良好沟通，我们将设计与印制折页装的经验和认识进行总结，并借鉴市场上有关折页装实物，撰写成本书呈献给读者。希望通过本书，与同行共同努力，规范和完善折页装的设计与印制。

　　由于作者水平所限，书中内容不足和欠妥之处，敬请读者批评指正。

作　者

2014 年 10 月

目　录

第一章　概　述

印刷品有着庞大的家族，分类方式也多种多样。就其成书、成册形式分类而言，分为锁线订、胶订、平订、骑马订、活页装、折页装、单张散页等。

折页装是印刷品中重要的一类，形式灵活，携带方便。折页装的开本遵循的是国际标准书刊开本和书刊边缘开本形式和尺寸。因此，折页装的开本形式同样分为横本、竖本和方本，左开本、右开本和天开本。

平行折折页装的开本形式、尺寸来源于书刊（见图1-1）。书刊是一页一页地翻页阅读，而平行折折页装是将其展开阅读；书刊内容依页码顺序先后排列，折页装的页码连续排列，而独立内容则可任意排列；书刊的页码是明码标注，而平行折折页装的页码是暗码，不在页面上显示。

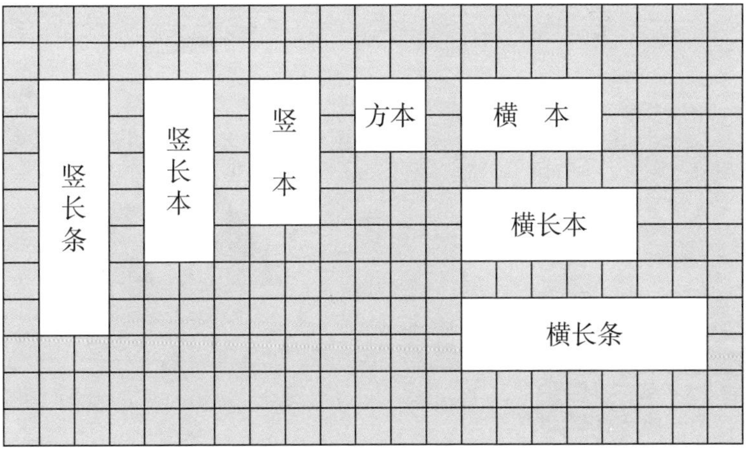

竖长条

竖长本

竖本

方本

横　本

横长本

横长条

图 1-1　印刷品各种开本名称比例示意图

　　折页装的开本形式同书刊一样，同样分为横本（图 1–2）、方本（图 1–3）和竖本（图 1–4）；同样也可分为左开本（书脊在左手侧，见图 1–5）、右开本（书脊在右手侧，见图 1–6）和天开本（书脊在上手侧，见图 1–7）。

图 1–2　横本　　　　　　　　图 1–3　方本

图 1–4　竖本　　　　　　图 1–5　左开本（适用于横排图文）

图 1–6　右开本（适用于竖排图文）　图 1–7　天开本（横、竖排图文均适用）

1. 折页装的作用

折页装的作用主要有宣传、告知两类。

折页装用于宣传目的时，首先需要印刷品从直观色彩上吸引人们的注意，引起人们的阅读欲望，最大限度地发挥宣传效果。因此，也就确立了折页装要图文并茂、色彩丰富的基本形式。这就是人们在市面上见到的折页装绝大多数为彩色的原因。在宣传效果与印制成本关系中，设计与印制成本高低就成为了次要考虑因素。

折页装用于告知目的时，其作用主要是让相关者知道，不需要以华丽吸引人们的注意。因此，这类折页装设计与印制成本高低是主要考虑因素。

2. 折页装与书刊的区别

折页装与书刊的区别在于：①折页装成册简单，只需折页、裁切，不需要装订，因而印制成本低；②折页装设计时各页内容可以是有先后顺序的，也可以是各自独立、可任意排列的；③折页装各页之间没有用于成品裁切的纸留量，纸张利用率高；④书刊拼版时，印版上各页采用的是横竖对折的几何级数形式，也就是横向竖向均以 1、2、4、8、16、32……页码拼版，而折页装则采用算术级数形式拼版，即 1、2、3、4、5、6……页码拼版。

3. 折页装的分类

按折页装印装工艺和成品形式分类，折页装家族基本上由平行折折页装、平行垂直交叉折折页装、特种折页装三大类构成。

平行折折页装，成品分页码，用折页机平行折页，用普通裁刀裁切，只有纸张定量超过 200g 时需要用压线机压线后再折叠；平行垂直交叉折折页装，成品不分页码，用折页机平行折页，用普通裁刀裁切；特种折页装，成品分页码，不能用普通裁刀裁切而用单独制作的刀版裁切和压线，不用折页机平行折页而用手工折页。

特种折页装是指工艺美术创意性设计的折页装形式，统称为特种折页装。特种折页装由于印制工序繁杂、纸张利用率低、需要制作个性化的专用刀版进行成品裁切、手工折页，提高了印制成本。特种折页装市场需求很少，故本书只作简单介绍。

平行折折页装又分对折、内三折、外三折、窗形折、双对折、关门折、卷心折、风琴折、风琴折 + 对折、卷心折 + 关门折和经折装等。

风琴折又分普通风琴折折页装和封面、封底加粘硬壳的特殊形式——经折装。

经折装又分为单面用的奏折、折本和双面用的经折装。

平行垂直交叉折折页装是地图、旅游交通图、专项信息图、展览会产品宣传品的折页装形式。它只有幅面概念，没有页码概念。

第二章　平行折折页装

平行折折页装是以平行反复折叠方式得到成品的，可分为对折（折1次）、卷心折（也称内三折、信折）（折2次）、外三折（折2次）、窗形折（折2次）、双对折（折2次）、关门折（折3次）、风琴折（折2~19次，包括折2次的外三折、折3次的外四折）、对折+风琴折、对折+卷心折、卷心折+关门折等。

1~3次折的折页装应用较多，折页装的样式也更多一些。如折2次的有内三折、外三折（也是风琴折）、窗形折、双对折，折3次的有外四折（也是风琴折）、关门折、卷心折。

从上述意义来讲，人们习惯将3折次（4折页）以上的平行折称为风琴折。

风琴折折页装又分普通风琴折折页装和封面、封底加粘硬壳的特殊形式折页装——经折装。普通风琴折多为4~9折页，更多的折页应用较少，最多可达19折页（38页码）。

最著名的单面用经折装是古代王公贵族所用的奏折、折本。这种折页装形式，已随时代的变迁而成为历史和文物。双面用资料数据经折装，为现代人所用，携带方便。这种经折装，也正在被电子产品——智能手机、平板电脑等更方便的方式取代中，也将逐渐成为历史和文物。

第一节　折页装的应用范围

一、内容简要的专项宣传品

这种以宣传为目的的折页装，绝大多数都是彩色印刷，有的甚至可以达到非常精美的程度，示例见图2-1。

图 2-1　专项宣传品

二、需要携带使用的专项资料和数据

这种以宣传兼具使用为目的的折页装,绝大多数为彩色或双色印刷,示例见图 2-2。

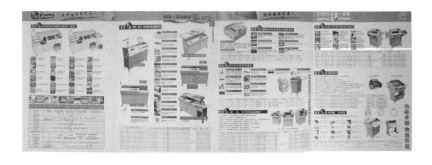

图 2-2　专项资料和数据

三、需要使用者阅知的产品说明书

这种折页装,不以销售宣传为目的,只是告知产品的使用者如何使用产品,例如药品说明书、小家电使用说明书等。这种折页装绝大多数为黑白印刷，示例见图 2-3 和图 2-4。

 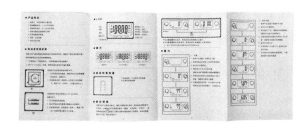

图 2-3　药品说明书　　　　　图 2-4　小家电使用说明书

第二节
平行折折页装的开本与开本尺寸

折页装开本数和开本尺寸源于书刊的开本数与开本尺寸，分别列于表 2-1~ 表 2-4。本书所有的开本尺寸单位均为毫米（mm），为表述方便，之后的开本尺寸均省去单位。

从表 2-1~ 表 2-4 可以看出，国际标准开本尺寸折页装的尺寸有234 种规格（其中有 26 种规格的长宽比超过书刊长宽比最大为 1:2.5 的规定，不符合折页装要求，实际有 208 种规格）。通常是以 297×210 和 210×297 开本尺寸为基础开本衍化而来的，形成 16~192 开，常见折页装开本有 16、24、32、48、36、72、64、96、144、128、192 开等 32 种规格。

对于市场现行的以各种规格平板纸为基础设计的折页装，开本规格五花八门，没有统一的规定和规格。本书不做详述。

改革开放以来，我国经济不断加深与国际社会融合度，推行采用国际标准。GB/T 788—1987《图书杂志开本及其幅面尺寸》就已开始部分采用国际标准，1999 版本明确规定书刊开本采用 A4（210×297）、A5（148×210）称谓。尽管目前书刊市场的现状不尽人意，仍应推荐和践行国际标准开本尺寸。这也是本书以国际开本尺寸进行介绍的主因。

表2-1 折页装印刷品国际标准化开本数开本尺寸速查表

等分 / 分	尺寸	1	4	5	6	7	8	9	10	11	12	13	14	15	16	17
1	841	1189														
4	210	4	**16**	20	**24**	28	**32**	36	40	44	**48**	52	56	60	**64**	68
5	168	5	20	25	30	35	40	45	50	55	60	65	70	75	80	85
6	140	6	**24**	30	**36**	42	**48**	54	60	66	**72**	78	84	90	**96**	102
7	120	7	28	35	42	49	56	63	70	77	84	91	98	105	112	119
8	105	8	**32**	40	**48**	56	**64**	72	80	88	**96**	104	112	120	**128**	136
9	93	9	36	45	54	63	72	81	90	99	108	117	126	135	144	153
10	84	10	40	50	60	70	80	90	100	110	120	130	140	150	160	170
11	76	11	44	55	66	77	88	99	110	121	132	143	154	165	176	187
12	70	12	**48**	60	**72**	84	**96**	108	120	132	**144**	156	168	180	**192**	204
13	64	13	52	65	78	91	104	117	130	143	156	169	182	195	208	221
14	60	42	56	70	84	98	112	126	140	154	168	182	196	210	224	238
15	56	45	60	75	90	105	120	135	150	165	180	195	210	225	240	255

注：1. 黑粗框内的开本数和开本尺寸，从理论上讲都可以制成折页装。

2. 黑体字为由 297×210 和 210×297 开本切而衍生而来的开本和尺寸规格；

3. "×"的开本尺寸已超出书刊长宽比最多 1：2.5 的规定，当然也不适宜作折页装；

4. 本表的原理适用于以全张纸开切开本数和由此而产生的具体开本尺寸与国际开本尺寸不同而已。

表2-2 折页装国际开本数及开本尺寸分类表

开本数	书刊开本尺寸 /mm		书刊边缘开本尺寸 /mm	
	A	B	C	D
16	**297 × 210**			
20	297 × 168	237 × 210		
24	**297 × 140**	**198 × 210**		
25		237 × 168		
28	297 × 120	169 × 210		
30	237 × 140	198 × 168		
32	**148 × 210**			
35	169 × 168	237 × 120		
36	**198 × 140**	132 × 210		
40	118 × 210	237 × 105	148 × 168	
42	198 × 120	169 × 140		
44	108 × 210			
45	132 × 168			
48	**99 × 210**	**198 × 105**		**148 × 140**
49	169 × 120			
50	118 × 168			
52	91 × 210			
54	198 × 93	132 × 140		
55	108 × 168			
56	169 × 105	148 × 120		84 × 210
60	198 × 84	118 × 140	99 × 168	
63	169 × 93	132 × 120		
64	**148 × 105**			
65	91 × 168			
66	108 × 140			

开本数	书刊开本尺寸 /mm		书刊边缘开本尺寸 /mm	
	A	B	C	D
70	169 × 84	118 × 120	84 × 168	
72	**99 × 140**	132 × 105	148 × 93	
75	79 × 168			
77	169 × 76	108 × 120		
78	91 × 140			
80	148 × 84	118 × 105		74 × 168
81	132 × 93			
84	99 × 120	84 × 140		169 × 70
88	148 × 76	108 × 105		
90	132 × 84	118 × 93	79 × 140	
91	91 × 120			
96	**74 × 140**	**99 × 105**		**148 × 70**
98	84 × 120			
99	132 × 76	108 × 93		
100	118 × 84			
104	91 × 105			
105	79 × 120			
108	132 × 70	99 × 93		
110	118 × 76	108 × 84		
112	84 × 105	74 × 120		
117	91 × 93			
120	118 × 70	99 × 84	79 × 105	
121	108 × 76			
126	84 × 93			
128	**74 × 105**			
130	91 × 84			
132	108 × 70	99 × 76		

续表

开本数	书刊开本尺寸 /mm		书刊边缘开本尺寸 /mm	
	A	B	C	D
135	79 × 93			
140	84 × 84			
143	91 × 76			
144	**99 × 70**	74 × 93		
150	79 × 84			
154	84 × 76			
156	91 × 70			
160	74 × 84			
165	79 × 76			
168	84 × 70			
176	74 × 76			
180	79 × 70			
192	**74 × 70**			

注：黑体字规格表示来源于 16 开 297×210 或 210×297。

表 2-3　以 297×210 为基础衍生的国际标准开本折页装开本及开本尺寸表

		水平向 297			水平向 148（297÷2）		
		规格	开数	形式	规格	开数	形式
垂直向	210	297 × 210	16 开	横本	148 × 210	32 开	竖本
	105（210÷2）	297 × 105	32 开	横本	148 × 105	64 开	横本
	70（210÷3）	297 × 70	48 开	横本	148 × 70	96 开	横本
	140（210÷3×2）	297 × 140	24 开	横本	148 × 140	48 开	方本
		水平向 74（297÷4）			水平向 99（297÷3）		
		规格	开数	形式	规格	开数	形式
垂直向	210	74 × 210	64 开	竖本	99 × 210	48 开	竖本
	105（210÷2）	74 × 105	128 开	竖本	99 × 105	96 开	方本
	70（210÷3）	74 × 70	192 开	方本	99 × 70	144 开	横本
	140（210÷3×2）	74 × 140	96 开	竖本	99 × 140	72 开	竖本

		水平向198（297÷3×2）			注：以297×210开本为基础可生成20种规格尺寸开本折页装。包括竖本、横本、方本开本形式。但符合书刊开本及书刊边缘开本的有32种规格（长宽比超过1：2.5的规格以×标识）
		规格	开数	形式	
垂直向	210	198×210	24开	方本	
	105（210÷2）	198×105	48开	横本	
	70（210÷3）	~~198×70~~	72开	横本	
	140（210÷3×2）	198×140	36开	横本	

表2-4　以210×297为基础衍生的国际标准开本折页装开本及开本尺寸表

		水平向210			水平向105（210÷2）		
		规格	开数	形式	规格	开数	形式
垂直向	297	210×297	16开	竖本	~~105×297~~	32开	竖本
	148（297÷2）	210×148	32开	横本	105×148	64开	竖本
	99（297÷3）	210×99	48开	横本	105×99	96开	方本
	198(297÷3×2)	210×198	24开	方本	105×198	48开	竖本
	74（297÷4）	~~210×74~~	64开	横本	105×74	128开	横本
		水平向70（210÷3）			水平向140（210÷3×2）		
		规格	开数	形式	规格	开数	形式
垂直向	297	~~70×297~~	48开	竖本	140×297	24开	竖本
	148（297÷2）	70×148	96开	竖本	140×148	48开	方本
	99（297÷3）	70×99	144开	竖本	140×99	72开	横本
	198(297÷3×2)	~~70×198~~	72开	竖本	140×198	36开	竖本
	74（297÷4）	70×74	192开	方本	140×74	96开	横本

　　注：以210×297开本为基础可生成20种规格的折页装。包括竖本、横本、方本等开本形式。但符合书刊开本及书刊边缘开本的有32种规格（长宽比超过1：2.5的规格以×标识）。适用于以横排图文的左侧书脊、竖排图文的右侧书脊、横排图文竖排图文均可的上侧书脊展开方式。

一、专业用语

开本尺寸：折页装折叠后的成品尺寸。

成品展开尺寸：开本水平向尺寸 × 折页装折页数。

成品设计尺寸：折页装成品展开尺寸 + 折页装成品裁切留量6mm。

印装留白量：用于折页装印刷和折页时工艺标识线所占纸张量。通常是所拼版的上下左右各留10mm纸量。印装留白量是可变的，左右的变量范围为10~20mm，上下的变量范围为16~20mm。

借叼口：在特殊情况下，如纸张印装留白量垂直向少于16mm，而折页装的天头或地脚侧又无出血版面，可采用借叼口的方法，达到印装留白量尺寸要求，即将折页装的成品裁切量和版心外空白作为叼口用纸量，称为借叼口。借叼口量最多为8mm。

印刷上机纸水平向尺寸 = 成品设计尺寸 + 印装留白量范围10~20mm。

二、折页装开本尺寸的确定方法

1. 按国际开本确定尺寸

国际开本及其尺寸是固定的、全世界通用的。可选择适宜的市售全张纸规格。也可直接从表2-1~ 表2-4查取。

①按国际开本确定尺寸的优点是：折页装开数相同（不论几折的折页装），开本尺寸就相同，开本尺寸固定，标准化非常好。设计者只需考虑折页装展开后尺寸不超出印制设备的印刷幅面尺寸即可。

表2-5列出了几种全张纸开张规格数据，表2-6列出了几种印刷机规格用纸幅面数据。按表2-1~ 表2-6给出的数据设计折页装即可。

表2-5　几种全张纸开张规格

	一开	对开	四开	八开	六开
787M × 1092	1086 × 781M		543 × 390M		
787 × 1092M		781 × 543M		390 × 271M	390 × 362M
850M × 1168	1162 × 844M		581 × 422M		
850 × 1168M		844 × 581M		422 × 290M	422 × 387M
880M × 1230	1224 × 874M		612 × 437M		
880 × 1230M		874 × 612M		437 × 306M	437 × 408M
889M × 1194	1188 × 883M		594 × 441M		

	一开	对开	四开	八开	六开
889×1194M		883×594M		441×297M	441×396M
890M×1240	1234×884M		617×442M		
890×1240M		884×617M		442×308M	442×411M
900M×1280	1274×894M		637×447M		
900×1280M		894×637M		447×318M	447×426M
1000M×1400	1394×994M		697×497M		
1000×1400M		994×697M		497×348M	497×464M

注：按国家标准规定，M表示纸张的丝缕方向。标在纸的短边，表示纸的短边为竖丝；标在纸的长边，表示纸的长边为竖丝。

设计者可按单个折页装设计文件形式，也可按大版形式出菲林片，或只给电子文件。可以用"想吃什么做什么"来比喻——人是主动的。

表2-6　几种印刷机规格用纸幅面

	全开机	对开机	四开机	八开机	六开机
水平向最大	1394	994	697	497	464
垂直向最大	994	697	497	348	348

②按国际开本确定尺寸的缺点是：如果选用现有全张纸规格，有些开本尺寸会产生印刷设备效率利用不足、纸张利用率下降的现象。

可采用专项订购全张纸规格的方法避免纸张浪费问题。

③国际开本尺寸折页装印装用纸的计算方法

计算折页装水平向上机印刷纸尺寸的公式为：

水平向上机印刷纸尺寸 =（开本尺寸 × 折页数 + 成品裁切留量6mm）× 折页装个数 + 印装可变留白量20mm　　(2-1)

水平向拼排几个折页装，取决于折页装的成品展开长度、所使用的印刷机印刷幅面。

在水平向上机印刷纸尺寸确定后，取相应用纸的垂直向尺寸计算垂直向可拼排折页装个数。

垂直向可拼排折页装个数（取整数）=（上机印刷纸尺寸 - 印装可变留白量20mm）÷ 成品垂直向设计尺寸 (2-2)

计算折页装垂直向上机印刷纸尺寸的公式为：

垂直向上机印刷纸尺寸 =（开本尺寸 + 成品裁切尺寸6mm）× 折页装个数 + 印装可变留白量20mm (2-3)

当折页装是非出血版面，所采用全张纸垂直向尺寸不够正常留有印刷留白量、而缺少量又在8mm之内时，可采用借叼口形式印刷，以最大限度地节约纸张。

借叼口数量计算公式：

借叼口量 = 垂直向最小印刷留白量16mm -[上机印刷纸规格 -（开本尺寸 + 成品裁切留量6mm）× 折页装个数] (2-4)

【例2-1】 印刷297×210开本尺寸四折折页装印制用纸的计算（拼版式：横4）

①水平向

将开本水平向尺寸297代入式（2-1），水平向上机印刷纸尺寸 =（297×4+6）×1+20=1214。水平向尺寸超过997mm(对开纸)，应该选用全张纸。

880M×1230、890M×1240、900M×1280、1000M×1400均在可用纸张规格范围选择之内。

②垂直向

根据式（2-2），若选用880M×1230全张纸：（874-20÷216=3.9，可拼排3个折页装。

若选用890M×1240全张纸：（884-20）÷216=4.0，可拼排4个折页装。

若选用900M×1280全张纸：（894-20）÷216=4.04，可拼排4个折页装。

若选用1000M×1400全张纸：（994-20）÷216=4.5，可拼排4个折页装。

再将获得的垂直向可拼排折页装个数代入式（2-3），垂直向上机

印刷纸尺寸 =（210+6）×4+20=884。

结果是：用 890×1240M 全张纸全开机印制 297×210 开本四折页折页装 4 个（上机印刷纸尺寸 1214×884M）是最节省纸张的，示例见图 2-5。

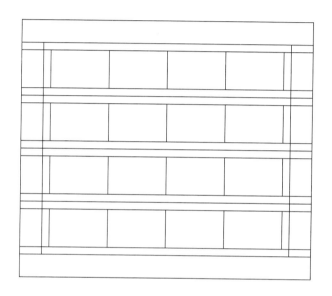

图 2-5　297×210 开本四折页折页装拼版示意图

【例 2-2】 印刷 297×210 开本尺寸对折折页装印制用纸的计算（拼版式：横 4）

①水平向

将开本水平向尺寸 297 代入式（2-1），水平向上机印刷纸尺寸 =（297×2+6）×2+20=1220。水平向尺寸超过 997mm（对开纸），应该选用全张纸。

880M×1230、890M×1240、900M×1280、1000M×1400 均在可用纸张规格范围选择之内。

②垂直向

根据式（2-2），若选用 880M×1230 全张纸：（874-20）÷216=3.9，

可拼排 3 个折页装。

若选用 890M×1240 全张纸：（884−20）÷216=4.0，可拼排 4 个折页装。

若选用 900M×1280 全张纸：（894−20）÷216=4.04，可拼排 4 个折页装。

若选用 1000M×1400 全张纸：（994−20）÷216=4.5，可拼排 4 个折页装。

再将获得的垂直向可拼排折页装个数代入式（2−3），垂直向上机印刷纸尺寸 =（210+6）×4+20=884。

结果是：用 890×1240M 全张纸全开机印制 297×210 开本对折页折页装 8 个，上机印刷纸尺寸 1220×884M 是最节省纸张的，示例见图 2−6。

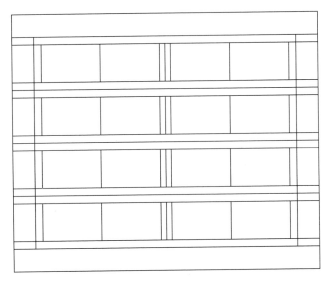

图 2-6　297×210 开本对折页折页装拼版示意图

【例 2-3】　印刷 297×210 开本尺寸对折折页装借叼口印制用纸的计算（拼版式：横 4）

①水平向

将开本水平向尺寸 297 代入式（2-1），水平向上机印刷纸尺寸＝（297×2+6）×2+20=1220。水平向尺寸超过 997mm(对开纸),应该选用全张纸。

880M×1230 在可用纸张规格范围选择之内。

②垂直向

若选用 880M×1230 全张纸：（874-20）÷216=3.9，可拼排 3.9 个折页装。

将尺寸代入式（2-4），借叼口量 =16-[874-(210+6)×4]=6mm。

上机纸尺寸为 1220×874M（借叼口 6mm）。

结果是：用 880×1230M 全张纸印制 297×210 开本对折页折页装 8 个，上机印刷纸尺寸 1220×874M 是最节省纸张的，示例见图 2-7。

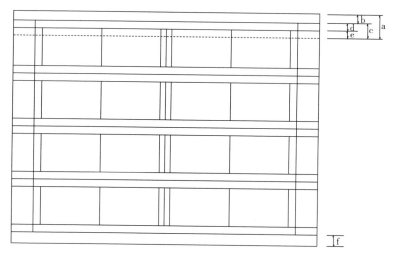

图 2-7　297×210 开本对折折页装印刷时借叼口示意图

a—叼口 10mm；b—印装留白 4mm；c—借叼口 6mm；
d—成品裁切 3mm；e—成品空白 3mm；f—印装留白 6mm

2.按现有全张纸规格计算开本尺寸

确定折页装开本尺寸的另一种方法是按国内惯用的、以现有全张纸规格开切，计算开本尺寸。

①此法的优点是：印制时设备效能和纸张利用率都无浪费现象，不

用印刷厂考虑拼版问题，因为设计者给的是大版菲林片或大版制版电子文件，印刷厂制作印版后就可以印刷。

②此法的缺点是：设计者必须确定使用印刷机规格、现有全张纸规格、开切数、折页装的开本形式、开本数、折页数、拼版数量等数据，全面布局，最终确定开本尺寸。因而造成同一规格全张纸、同一开本数，因折页装形式不同、折页方式不同、折数不同，而导致开本尺寸不同。全张纸规格不同，同一开本的开本尺寸也不同。即同一开本数的折页装其开本尺寸五花八门。谈不上印刷品开本尺寸标准化问题。可以用"有什么吃什么"来比喻——人是被动的。

③现实印刷市场上，多以全张纸尺寸为前提，设计折页装开本尺寸。以全张纸尺寸为前提的折页装开本尺寸计算如下。

全张纸首先光边（横向 6mm、竖向 6mm）成为 1 开纸。

水平向开本尺寸（取整数）计算公式：

水平向开本尺寸 =（上机印刷纸水平向尺寸 – 印刷留白量 20mm）

　　÷ 折页装折页数 –（成品裁切留量 6mm × 折页装个数）　　（2–5）

垂直向开本尺寸（取整数）计算公式：

垂直向开本尺寸 =（上机印刷纸垂直向尺寸 – 印刷留白量 20mm）

　　÷ 折页装个数 – 每个折页装成品裁切留量 6mm　　（2–6）

【例 2–4】　各种纸张规格制作 16 开横本 4 折折页装的开本尺寸计算（版式：横 4 竖 4）

如：1000M×1400 全张纸的 1 开纸尺寸为 994M×1394。

①水平向

将水平向尺寸代入式 (2–5)，水平向开本尺寸 =（1394–20）÷4–6×1=337.5，取整为 337mm（开本尺寸）。

②垂直向

将垂直向尺寸代入式 (2–6)，垂直向开本尺寸 =（994–20）÷4–6=237.5，取整为 237（开本尺寸）。

结果是：1000M×1400 全张纸可制作的 16 开 4 折折页装为横本，开本尺寸为：337×237。

但，如果是对折折页装（拼版式：横 4 竖 4），其开本尺寸则为：

水平向：将水平向尺寸代入式 (2–5)，水平向开本尺寸 =（1394–20）

÷46×2=331.5，取整为331（开本尺寸）。

垂直向：将垂直向尺寸代入式(2-6)，垂直向开本尺寸=（994–20）÷4–6=237.5，取整为237（开本尺寸）。

结果是:1000M×1400全张纸可制作的16开对折折页装为横本，开本尺寸为331×237。

可以看出，同样是16开，但四折页和对折开本尺寸是不一样的。

依此方法计算各种规格全张纸的16开横本4折折页装开本尺寸如下：

787M×1092全张纸的16开横开本4折折页装开本尺寸为260×184；

850M×1168全张纸的16开横开本4折折页装开本尺寸为279×200；

880M×1230全张纸的16开横开本4折折页装开本尺寸为295×207；

889M×1194全张纸的16开横开本4折折页装开本尺寸为286×209；

890M×1240全张纸的16开横开本4折折页装开本尺寸为297×210；

900M×1280全张纸的16开横开本4折折页装开本尺寸为307×212；

1000M×1400全张纸的16开横开本4折折页装开本尺寸为337×237。

但如果用四开纸印制16开横本对折折页装，开本尺寸就又不一样了：

1400×1000M全张纸的4开纸尺寸为697（1394÷2）×497M（994÷2）。

水平向：（697–20）÷2–（6×1）=338.5，取整为338（开本尺寸）（版式：横2竖2）。

垂直向：（497–20）÷2–6=232.5，取整为232（开本尺寸）。

结果是：16开横本对折折页装的开本尺寸为338×232。

同是用1400×1000M规格纸，同样是对折折页装，一个用全张纸印制、另一个用四开纸印制的 16 开横本，开本尺寸不同，4 折本为 337×237，对折本为 338×232。

【例 2-5】 各种纸张规格制作 16 开竖本 4 折折页装的开本尺寸计算（版式：横 4 竖 2）

如 1000×1400M 全张纸：水平向 1000-6（光边）=994（对开纸），垂直向 1400-6（光边）=1394M（1 开纸），1394M÷2=697M（对开纸）。成为 1000×1400M 全张纸的对开纸 994×697M。

水平向：（994-20）÷4-6×1=237.5，取整为 237（开本尺寸）（版式：横 4 竖 2）。

垂直向：（697-20）÷2-6=332.5，取整为 332（开本尺寸）。

结果是：1000×1400M 全开纸的 16 开竖本 4 折折页装的开本尺寸为 237×332。

但，如果是对折折页装，其开本尺寸如下。

水平向：（994-20）÷4-6×2=231.5，取整为 231（对折折页装的开本尺寸）（版式：横 4 竖 2）。

垂直向：（697-20）÷2-6=342.5，取整为 342（开本尺寸）。

结果是：1000×1400M 全张纸的 16 开竖本对折折页装开本尺寸为 231×332。

可以看出，同样是 16 开，但四折页和对折开本尺寸是不一样的。

依此方法计算各种规格全张纸的 16 开竖本 4 折折页装开本尺寸如下：

787×1092M 全张纸的 16 开竖本 4 折折页装开本尺寸为 184×255；

850×1168M 全张纸的 16 开竖本 4 折折页装开本尺寸为 200×274；

880×1230M 全张纸的 16 开竖本 4 折折页装开本尺寸为 207×290；

889×1194M 全张纸的 16 开竖本 4 折折页装开本尺寸为 209×281；

890×1240M 全张纸的 16 开竖本 4 折折页装开本尺寸为 210×292；

900×1280M 全张纸的 16 开竖本 4 折折页装开本尺寸为 212×302；

1000×1400M 全张纸的 16 开竖本 4 折折页装开本尺寸为：237×332。

为方便设计者、印刷厂生产工艺人员和管理者将本书作为工具书使用，将与设计和印刷的相关数据列于表 2-7~ 表 2-9 中，供参考。

折页装印刷品设计与印刷

表2-7　以297×210/210×297为基础衍生的国际标准开本及开本尺寸折页装折页形式和最多折次设计速查表

开本及开本尺寸	开	折页形式	对折 4面	3折 6面	4折 8面	5折 10面	6折 12面	7折 14面	8折 16面	9折 18面	10折 20面	11折 22面	12折 24面	13折 26面	14折 28面	15折 30面	16折 32面	17折 34面	18折 36面	19折 38面
297×210	16开	横本	2	1	1	—	—	—	—	—	—	—	—	—	—	—	—	—	—	—
210×297		竖本	3	2	1	1	1	—	—	—	—	—	—	—	—	—	—	—	—	—
297×140	24开	横本	2	1	1	1	1	—	—	—	—	—	—	—	—	—	—	—	—	—
140×297		竖本	4	3	2	—	1	1	1	1	—	—	—	—	—	—	—	—	—	—
297×105	32开	横本	2	1	1	1	—	—	—	—	—	—	—	—	—	—	—	—	—	—
105×297		竖本	6	4	3	1	2	1	1	1	1	1	1	1	—	—	—	—	—	—
297×70	48开	横本	6	2	1	—	—	—	—	—	—	—	—	—	—	—	—	—	—	—
70×297		竖本	6	9	4	3	3	2	2	2	1	1	1	1	1	1	1	1	1	1
198×210	24开	方本	3	2	1	1	1	—	—	—	—	—	—	—	—	—	—	—	—	—
210×198		方本	3	2	1	1	1	—	—	—	—	—	—	—	—	—	—	—	—	—
297×210	16开	横本	2	1	1	—	—	—	—	—	—	—	—	—	—	—	—	—	—	—
210×297		竖本	3	2	1	1	1	—	—	—	—	—	—	—	—	—	—	—	—	—
297×140	24开	横本	2	1	1	1	—	—	—	—	—	—	—	—	—	—	—	—	—	—
140×297		竖本	4	3	3	3	2	1	1	1	1	1	1	1	—	—	—	—	—	—
297×105	32开	横本	2	1	1	1	2	1	—	—	—	—	—	—	—	—	—	—	—	—
105×297		竖本	6	4	3	1	2	1	1	1	1	1	1	1	—	—	—	—	—	—

22

续表

开本及开本尺寸	最多折次	折页形式	对折 4面	3折 6面	4折 8面	5折 10面	6折 12面	7折 14面	8折 16面	9折 18面	10折 20面	11折 22面	12折 24面	13折 26面	14折 28面	15折 30面	16折 32面	17折 34面	18折 36面	19折 38面
297×70	48开	横本	2	1	1	—	—	—	—	—	—	—	—	—	—	—	—	—	—	—
70×297	48开	竖本	9	6	4	3	3	2	2	2	1	1	1	1	1	1	1	1	1	1
198×210	24开	方本	3	2	1	1	1	—	—	—	—	—	—	—	—	—	—	—	—	—
210×198	24开	方本	3	2	1	1	1	—	—	—	—	—	—	—	—	—	—	—	—	—
198×140	36开	横本	3	2	1	1	1	1	1	1	—	—	—	—	—	—	—	—	—	—
140×198	36开	竖本	4	3	2	1	1	1	1	1	—	—	—	—	—	—	—	—	—	—
198×105	48开	横本	3	2	1	1	1	1	1	1	—	—	—	—	1	—	—	—	—	—
105×198	48开	竖本	6	4	3	2	2	2	2	2	1	1	1	—	—	—	—	—	—	—
198×70	72开	横本	3	2	1	1	1	1	2	1	1	1	1	1	1	1	—	—	—	—
70×198	72开	竖本	9	6	4	3	3	2	2	2	1	—	—	—	—	—	—	—	—	—
148×210	32开	横本	4	3	2	1	1	1	1	1	—	—	—	—	—	—	—	—	—	—
210×148	32开	方本	3	2	1	1	1	—	—	—	—	—	—	—	—	—	—	—	—	—
148×140	48开	横本	4	3	2	1	1	1	1	1	—	—	—	—	—	—	—	—	—	—
140×148	48开	竖本	4	3	2	1	1	1	1	1	1	1	1	—	—	—	—	—	—	—
148×105	64开	横本	4	3	2	1	1	1	1	1	—	—	—	—	—	—	—	—	—	—
105×148	64开	竖本	6	4	3	2	2	1	1	1	1	1	1	1	—	—	—	—	—	—

开本及开本尺寸	最多折次开本	折页形式	对折 4面	3折 6面	4折 8面	5折 10面	6折 12面	7折 14面	8折 16面	9折 18面	10折 20面	11折 22面	12折 24面	13折 26面	14折 28面	15折 30面	16折 32面	17折 34面	18折 36面	19折 38面
148×70	96开	横本	4	3	2	1	1	1	1	1	—	—	—	—	—	—	—	—	—	—
70×148		竖本	9	6	4	3	3	2	2	2	1	1	1	1	1	1	1	1	1	1
99×210	48开	竖本	6	4	3	1	2	1	1	1	1	1	1	1	—	—	—	—	—	—
210×99		横本	3	2	1	1	1	—	—	—	—	—	—	—	—	—	—	—	—	—
99×140	72开	竖本	6	4	3	2	2	1	1	1	1	1	1	1	—	—	—	—	—	—
140×99		横本	4	3	2	1	1	1	1	1	—	—	—	—	—	—	—	—	—	—
99×105	96开	方本	6	4	3	2	2	1	1	1	1	1	1	1	—	—	—	—	—	—
105×99		横本	6	4	3	2	2	1	1	1	1	1	1	1	—	—	—	—	—	—
99×70	144开	竖本	6	4	3	2	2	1	1	1	1	1	1	1	1	1	1	1	1	1
70×99		横本	9	6	4	3	3	2	2	2	1	1	—	—	—	—	—	—	—	—
74×210	64开	竖本	9	6	4	3	3	2	2	2	1	1	1	1	1	1	1	1	1	—
210×74		横本	3	2	1	1	1	—	—	—	—	—	—	—	—	—	—	—	—	—
74×140	96开	竖本	9	6	4	3	3	2	2	2	1	1	1	1	1	1	1	1	1	—
140×74		横本	4	3	2	1	1	1	1	1	—	—	—	—	—	—	—	—	—	—
74×105	128开	竖本	9	6	4	3	3	2	2	2	1	1	1	1	1	1	1	1	1	—
105×74		横本	6	4	3	2	2	1	1	1	1	1	1	1	—	—	—	—	—	—

续表

开本及开本尺寸	最多折次		折页形式 对折 4面	3折 6面	4折 8面	5折 10面	6折 12面	7折 14面	8折 16面	9折 18面	10折 20面	11折 22面	12折 24面	13折 26面	14折 28面	15折 30面	16折 32面	17折 34面	18折 36面	19折 38面
	192开	方本																		
74×70		9	9	6	4	3	3	2	2	2	*1*	*1*	*1*	*1*	*1*	1	1	1	1	—
70×74		9	9	6	4	3	3	2	2	2	*1*	*1*	*1*	*1*	*1*	1	1	1	1	1

注：
1. 本表列出了附录 1～5 中折页装各种开本规格设计、印刷专项数据（共 40 种规格），为设计者设计、印刷者安排印刷生产提供参考。
2. 三折页包括内三折、外三折；4折页包括双对折、关门折、窗形折、4折页卷心折、4折页风琴折。
3. 本开本设计以国内现有印装设备（最大为全开机）和纸张规格（最大 1000×1400）能实现印装生产为原则。即 1000M×1400 全张纸用全开机（正常字体的折数及其前的折数），四开机（*斜体加黑*的折数）；1000×1400M 使用对开机（*斜体加黑*的折数）及其前的折数，六开机（*斜体折数*）为依据。
4. 折页机（**正体加黑**的折数）见诸报道的有 17 折栅折页机，因此，折页机折次不成问题。折页装的特点就是只折页，不准许粘接。
5. 折页装成品展开长度最大不超过 1368mm【成品展开长度=1400-32（光边量 6、印刷留白量 20、裁切留白量 6）】。

表2-8 折页装设计印装生产数据匹配速查表

一张PS版可制作的折页装数量（横×竖）/个

开本形式及印刷机型				对折 4面	3折 6面	4折 8面	5折 10面	6折 12面	7折 14面	8折 16面	9折 18面	10折 20面	11折 22面	12折 24面	13折 26面	14折 28面
16开	297 × 210	横本	八开	—	—	—	—	—	—	—	—	—	—	—	—	—
			六开	—	—	—	—	—	—	—	—	—	—	—	—	—
			四开	1×2	—	—	—	—	—	—	—	—	—	—	—	—
			对开	2×2	1×3	—	—	—	—	—	—	—	—	—	—	—
			全开	2×4	1×3	1×4	—	—	—	—	—	—	—	—	—	—
	210 × 297	竖本	八开	1×1	—	—	—	—	—	—	—	—	—	—	—	—
			六开	1×1	—	—	—	—	—	—	—	—	—	—	—	—
			四开	1×1	1×1	—	—	—	—	—	—	—	—	—	—	—
			对开	2×2	1×2	1×2	—	—	—	—	—	—	—	—	—	—
			全开	3×3	2×3	1×2	1×2	1×3	—	—	—	—	—	—	—	—
24开	297 × 140	横本	八开	—	—	—	—	—	—	—	—	—	—	—	—	—
			六开	—	—	—	—	—	—	—	—	—	—	—	—	—
			四开	1×3	1×4	—	—	—	—	—	—	—	—	—	—	—
			对开	1×3	1×4	—	—	—	—	—	—	—	—	—	—	—
			全开	1×3	1×4	1×6	—	—	—	—	—	—	—	—	—	—

续表

一张 PS 版可制作的折页装数量（横 × 竖）/ 个

开本形式及印刷机型			对折 4面	3折 6面	4折 8面	5折 10面	6折 12面	7折 14面	8折 16面	9折 18面	10折 20面	11折 22面	12折 24面	13折 26面	14折 28面
24开	140×297 竖本	八开	1×1	1×1	—	—	—	—	—	—	—	—	—	—	—
		六开	1×1	1×1	—	—	—	—	—	—	—	—	—	—	—
		四开	2×1	1×1	1×1	—	—	—	—	—	—	—	—	—	—
		对开	3×2	2×2	1×1	1×2	1×2	1×2	—	—	—	—	—	—	—
		全开	4×2	3×3	2×2	1×2	1×2	1×2	1×2	1×3	—	—	—	—	—
	297×105 横本	八开	—	—	—	—	—	—	—	—	—	—	—	—	—
		六开	1×4	1×6	—	—	—	—	—	—	—	—	—	—	—
		四开	1×4	1×6	1×7	—	—	—	—	—	—	—	—	—	—
		对开	2×8	2×1	1×1	—	—	—	—	—	—	—	—	—	—
		全开	3×1	2×1	1×1	—	—	—	—	—	—	—	—	—	—
32开	105×297 竖本	八开	2×1	1×1	1×1	—	—	—	—	—	—	—	—	—	—
		六开	3×1	1×1	1×1	1×1	1×1	—	—	—	—	—	—	—	—
		四开	3×2	2×2	2×2	2×2	1×2	1×2	1×2	—	—	—	—	—	—
		对开	4×2	3×2	2×2	2×2	2×3	1×2	1×2	1×2	1×2	—	—	—	—
		全开	6×3	2×4	3×3	2×2	2×3	1×2	1×2	1×2	1×2	1×3	1×3	1×3	—

续表

一张 PS 版可制作的折页装数量（横 × 竖）/ 个

开本	开本尺寸	横竖方本	印刷机型	对折 4 面	3 折 6 面	4 折 8 面	5 折 10 面	6 折 12 面	7 折 14 面	8 折 16 面	9 折 18 面	10 折 20 面	11 折 22 面	12 折 24 面	13 折 26 面	14 折 28 面
48 开	297×70	横本	八开	—	—	—	—	—	—	—	—	—	—	—	—	—
			六开	—	—	—	—	—	—	—	—	—	—	—	—	—
			四开	1×5	—	—	—	—	—	—	—	—	—	—	—	—
			对开	1×5	1×8	—	—	—	—	—	—	—	—	—	—	—
			全开	2×12	1×8	1×7	—	—	—	—	—	—	—	—	—	—
	70×297	竖本	八开	3×1	2×1	1×1	1×1	1×1	—	—	—	—	—	—	—	—
			六开	3×1	2×1	1×1	1×1	1×1	—	—	—	—	—	—	—	—
			四开	4×1	3×1	2×1	1×1	1×1	1×1	1×1	1×1	—	—	—	—	—
			对开	6×2	4×2	3×2	2×2	2×2	1×1	1×1	1×2	1×2	1×2	1×2	1×2	1×2
			全开	9×3	6×3	4×3	3×3	3×3	2×2	2×2	2×3	10 折—18 折 1×2；19 折 1×3				
24 开	198×210	方本	八开	1×1	—	—	—	—	—	—	—	—	—	—	—	—
			六开	1×2	—	—	—	—	—	—	—	—	—	—	—	—
			四开	1×2	1×2	—	—	—	—	—	—	—	—	—	—	—
			对开	2×3	2×3	1×3	—	—	—	—	—	—	—	—	—	—
			全开	3×4	2×4	1×3	1×4	1×4	—	—	—	—	—	—	—	—

续表

开本形式及印刷机型			一张PS版可制作的折页装数量（横×竖）/个												
			对折 4面	3折 6面	4折 8面	5折 10面	6折 12面	7折 14面	8折 16面	9折 18面	10折 20面	11折 22面	12折 24面	13折 26面	14折 28面
24开	方本 210×198	八开	1×1	—	—	—	—	—	—	—	—	—	—	—	—
		六开	1×2	—	—	—	—	—	—	—	—	—	—	—	—
		四开	1×2	1×2	—	—	—	—	—	—	—	—	—	—	—
		对开	2×3	1×2	1×3	—	—	—	—	—	—	—	—	—	—
		全开	3×4	2×4	1×3	1×3	1×4	—	—	—	—	—	—	—	—
	横本 198×140	八开	1×2	—	—	—	—	—	—	—	—	—	—	—	—
		六开	1×3	—	—	—	—	—	—	—	—	—	—	—	—
		四开	1×2	1×3	—	—	—	—	—	—	—	—	—	—	—
		对开	2×4	1×3	1×4	—	—	—	—	—	—	—	—	—	—
		全开	3×6	2×6	1×4	1×5	1×6	—	—	—	—	—	—	—	—
36开	竖本 140×198	八开	1×1	1×1	—	—	—	—	—	—	—	—	—	—	—
		六开	1×2	1×3	—	—	—	—	—	—	—	—	—	—	—
		四开	2×3	1×2	1×2	—	—	—	—	—	—	—	—	—	—
		对开	3×3	2×3	1×2	1×3	1×3	1×3	—	—	—	—	—	—	—
		全开	4×4	3×4	2×4	1×3	1×3	1×3	1×4	1×4	—	—	—	—	—

开本	开本形式及印刷机型			一张 PS 版可制作的折页装数量（横×竖）/个												
				对折 4面	3折 6面	4折 8面	5折 10面	6折 12面	7折 14面	8折 16面	9折 18面	10折 20面	11折 22面	12折 24面	13折 26面	14折 28面
48开	198×105	横本	八开	1×2	—	—	—	—	—	—	—	—	—	—	—	—
			六开	1×4	—	—	—	—	—	—	—	—	—	—	—	—
			四开	1×3	1×4	1×5	—	—	—	—	—	—	—	—	—	—
			对开	2×5	1×4	1×5	1×7	1×7	—	—	—	—	—	—	—	—
			全开	3×7	2×7	—	—	—	—	—	—	—	—	—	—	—
	105×198	竖本	八开	2×1	1×1	1×1	—	—	—	—	—	—	—	—	—	—
			六开	2×2	1×2	1×2	1×2	1×2	—	—	—	—	—	—	—	—
			四开	3×2	2×2	1×2	1×2	1×2	—	—	—	—	—	—	—	—
			对开	4×3	3×3	2×3	2×4	2×4	1×2	1×3	1×3	—	—	—	—	—
			全开	6×4	4×4	3×4	2×4	2×4	1×2	1×3	1×2	1×3	1×4	1×4	1×4	—
72开	198×70	横本	八开	1×5	—	—	—	—	—	—	—	—	—	—	—	—
			六开	1×5	1×5	—	—	—	—	—	—	—	—	—	—	—
			四开	1×5	1×5	1×7	—	—	—	—	—	—	—	—	—	—
			对开	2×7	1×5	1×7	—	—	—	—	—	—	—	—	—	—
			全开	3×11	2×11	1×7	1×11	1×11	—	—	—	—	—	—	—	—

续表

一张 PS 版可制作的折页装数量（横×竖）/个

开本形式及印刷机机型	机型	对折 4面	3折 6面	4折 8面	5折 10面	6折 12面	7折 14面	8折 16面	9折 18面	10折 20面	11折 22面	12折 24面	13折 26面	14折 28面
72开 70×198 竖本	八开	3×1	2×1	1×1	1×1	1×1	—	—	—	—	—	—	—	—
	六开	3×2	2×2	1×2	1×1	1×2	—	—	—	—	—	—	—	—
	四开	4×2	3×2	2×2	1×1	1×1	1×2	1×2	1×2	—	—	—	—	—
	对开	6×3	4×3	3×3	2×3	2×3	1×2	1×2	1×2	1×3	1×3	1×3	1×3	1×3
	全开	9×4	6×4	4×4	3×3	3×4	2×3	2×4	2×4	1×3	*11—15折 1×3；16—19折 1×4*			
32开 148×210 竖本	八开	1×1	1×1	—	—	—	—	—	—	—	—	—	—	—
	六开	1×2	1×3	—	—	—	—	—	—	—	—	—	—	—
	四开	2×2	1×2	1×2	1×2	1×2	—	—	—	—	—	—	—	—
	对开	3×3	3×3	1×2	1×2	1×3	1×3	—	—	—	—	—	—	—
	全开	4×4	3×4	2×4	—	—	2×4	1×4	1×4	—	—	—	—	—
32开 210×148 横本	八开	1×2	1×2	—	—	—	—	—	—	—	—	—	—	—
	六开	1×2	1×2	—	—	—	—	—	—	—	—	—	—	—
	四开	1×2	1×3	1×4	—	—	—	—	—	—	—	—	—	—
	对开	2×4	1×4	1×4	1×5	—	—	—	—	—	—	—	—	—
	全开	3×6	2×6	1×6	—	1×6	—	—	—	—	—	—	—	—

一张 PS 版可制作的折页装数量（横×竖）/个

开本形式及印刷机型		对折 4面	3折 6面	4折 8面	5折 10面	6折 12面	7折 14面	8折 16面	9折 18面	10折 20面	11折 22面	12折 24面	13折 26面	14折 28面
48开 方本 148×140	八开	1×2	1×2	—	—	—	—	—	—	—	—	—	—	—
	六开	1×2	1×3	—	—	—	—	—	—	—	—	—	—	—
	四开	2×3	1×2	1×3	—	—	—	—	—	—	—	—	—	—
	对开	3×4	2×4	1×3	1×4	1×4	—	—	—	—	—	—	—	—
	全开	4×6	3×6	2×6	1×4	1×4	1×5	1×6	1×6	—	—	—	—	—
48开 方本 140×148	八开	1×1	1×3	—	—	—	—	—	—	—	—	—	—	—
	六开	1×2	1×3	1×3	—	—	—	—	—	—	—	—	—	—
	四开	2×3	1×2	1×3	—	—	—	—	—	—	—	—	—	—
	对开	3×4	2×4	1×3	1×3	1×4	1×4	—	—	—	—	—	—	—
	全开	4×6	3×6	2×6	1×3	1×4	1×4	1×5	1×6	—	—	—	—	—
64开 横本 148×105	八开	1×2	1×3	—	—	—	—	—	—	—	—	—	—	—
	六开	1×3	1×4	—	—	—	—	—	—	—	—	—	—	—
	四开	2×4	1×4	1×4	—	—	—	—	—	—	—	—	—	—
	对开	3×6	2×6	1×4	1×5	1×6	1×6	1×7	—	—	—	—	—	—
	全开	4×7	3×8	2×7	1×5	1×6	1×6	1×7	1×8	—	—	—	—	—

续表

开本	形式及印刷机型		一张PS版可制作的折页装数量（横×竖）/个												
			对折 4面	3折 6面	4折 8面	5折 10面	6折 12面	7折 14面	8折 16面	9折 18面	10折 20面	11折 22面	12折 24面	13折 26面	14折 28面
64开	105×148 竖本	八开	2×2	1×2	1×2	—	—	—	—	—	—	—	—	—	—
		六开	2×2	1×2	1×2	—	—	—	—	—	—	—	—	—	—
		四开	3×3	2×3	1×2	1×3	1×3	—	—	—	—	—	—	—	—
		对开	4×4	3×4	2×4	1×2	1×3	1×3	1×4	1×4	—	—	—	—	—
		全开	6×6	4×6	3×6	2×4	2×6	1×3	1×4	1×4	—	—	—	—	—
	148×70 横本	八开	1×3	1×4	—	—	—	—	—	—	—	—	—	—	—
		六开	1×5	1×5	—	—	—	—	—	—	—	—	—	—	—
		四开	2×5	1×4	1×5	—	—	—	—	—	—	—	—	—	—
		对开	3×8	2×8	1×5	1×7	1×8	—	—	—	—	—	—	—	—
		全开	4×11	3×11	2×11	1×7	1×8	1×10	1×11	1×11	1×4	1×5	1×6	1×6	—
96开	70×148 竖本	八开	3×2	2×2	1×2	1×2	1×2	—	—	—	—	—	—	—	—
		六开	3×2	2×2	1×2	1×2	1×2	1×3	1×3	1×3	1×3	1×3	1×4	1×4	1×4
		四开	4×3	3×3	2×3	1×2	1×2	1×2	1×3	1×3	1×3	1×3	1×4	1×4	1×4
		对开	6×4	4×4	3×4	2×3	2×4	2×5	2×5	2×6	1×3	1×3	1×4	1×4	1×4
		全开	9×6	6×6	4×6	3×5	3×6	2×5	2×5	2×6	1×3	1×3	1×4	1×4	1×4

96开 全开注：12—14折 1×4；15—18折 1×5；19折 1×6

续表

开本形式及印刷机型			对折 4面	3折 6面	4折 8面	5折 10面	6折 12面	7折 14面	8折 16面	9折 18面	10折 20面	11折 22面	12折 24面	13折 26面	14折 28面
			一张 PS 版可制作的折页装数量（横×竖）/个												
48开	99×210 竖本	八开	2×1	1×1	1×1	—	—	—	—	—	—	—	—	—	—
		六开	2×2	1×2	1×2	—	—	—	—	—	—	—	—	—	—
		四开	3×2	2×2	1×1	1×2	1×2	—	—	—	—	—	—	—	—
		对开	4×3	3×3	2×3	2×3	1×2	1×3	1×3	1×3	—	—	—	—	—
		全开	6×4	4×4	3×4	2×3	2×4	1×2	1×3	1×3	1×4	1×4	1×4	1×4	—
	210×99 横本	八开	1×3	—	—	—	—	—	—	—	—	—	—	—	—
		六开	1×4	1×4	1×5	1×7	1×9	—	—	—	—	—	—	—	—
		四开	1×3	1×4	1×5	—	—	—	—	—	—	—	—	—	—
		对开	2×5	1×9	1×2	1×2	1×3	1×4	1×4	1×4	—	—	—	—	—
		全开	3×9	2×9	1×3	1×2	1×3	1×4	1×4	1×4	—	—	—	—	—
72开	99×140 竖本	八开	2×2	1×2	1×2	—	—	—	—	—	—	—	—	—	—
		六开	2×3	1×2	1×3	—	—	—	—	—	—	—	—	—	—
		四开	3×3	2×3	1×2	1×2	1×3	—	—	—	—	—	—	—	—
		对开	4×4	3×4	2×4	1×2	1×3	1×4	1×4	1×4	—	—	—	—	—
		全开	6×6	4×6	3×6	2×5	2×6	1×4	1×4	1×4	1×5	1×5	1×6	1×6	—

续表

一张 PS 版可制作的折页装数量（横×竖）/个

开本形式及印刷机型			对折 4面	3折 6面	4折 8面	5折 10面	6折 12面	7折 14面	8折 16面	9折 18面	10折 20面	11折 22面	12折 24面	13折 26面	14折 28面
72开	140×99 横本	八开	1×3	1×3	—	—	—	—	—	—	—	—	—	—	—
		六开	1×3	1×3	—	—	—	—	—	—	—	—	—	—	—
		四开	2×4	1×3	2×4	—	—	—	—	—	—	—	—	—	—
		对开	3×5	2×6	1×4	1×5	1×5	1×6	—	—	—	—	—	—	—
		全开	4×9	3×9	2×9	1×5	1×5	1×6	1×8	1×8	—	—	—	—	—
96开	99×105 方本	八开	2×3	1×2	1×3	—	—	—	—	—	—	—	—	—	—
		六开	2×4	1×3	1×4	—	—	—	—	—	—	—	—	—	—
		四开	3×4	2×4	1×3	1×3	1×4	1×3	1×5	1×6	—	—	—	—	—
		对开	4×5	5×6	2×5	1×3	1×4	1×3	1×5	1×6	1×6	1×7	—	—	—
		全开	6×8	4×8	3×8	2×7	2×8	—	1×5	1×6	1×6	1×7	—	—	—
	105×99 方本	八开	2×3	1×3	1×3	—	—	—	—	—	—	—	—	—	—
		六开	2×4	1×3	1×3	1×4	1×4	—	—	—	—	—	—	—	—
		四开	3×4	2×4	1×3	1×4	1×4	1×5	1×6	—	—	—	—	—	—
		对开	4×6	3×6	2×6	1×5	1×9	1×5	1×6	1×9	—	1×7	1×7	1×8	—
		全开	6×9	4×9	3×9	2×7	2×9	1×5	1×6	1×9	1×7	1×8	1×9	1×9	—

续表

开本尺寸	开	横/竖本	印刷机型	对折 4面	3折 6面	4折 8面	5折 10面	6折 12面	7折 14面	8折 16面	9折 18面	10折 20面	11折 22面	12折 24面	13折 26面	14折 28面
99×70	144开	横本	八开	2×4	1×3	1×4	—	—	—	—	—	—	—	—	—	—
			六开	2×5	1×4	1×4	—	—	—	—	—	—	—	—	—	—
			四开	3×5	2×5	1×4	1×5	1×5	—	—	—	—	—	—	—	—
			对开	4×7	3×8	2×7	1×5	1×5	1×7	1×7	—	—	—	—	—	—
			全开	6×11	4×11	3×11	2×10	2×11	1×7	1×7	1×10	—	—	—	—	—
70×99		竖本	八开	3×3	2×3	1×2	1×2	1×3	—	—	—	—	—	—	—	—
			六开	3×4	2×4	1×3	1×3	1×4	—	—	—	—	—	—	—	—
			四开	4×4	3×4	2×4	1×2	1×3	1×4	1×4	1×4	—	—	—	—	—
			对开	6×6	4×5	3×5	2×5	2×5	1×4	1×4	1×4	1×5	1×5	1×5	1×6	1×6
			全开	9×9	6×9	4×9	3×7	3×9	2×8	2×8	2×9	10—12折1×5; 13—14折1×6; 15—16折1×7; 17折1×8; 18—19折1×9				
74×210	64开	竖本	八开	3×1	2×1	1×1	1×1	1×1	—	—	—	—	—	—	—	—
			六开	3×2	2×2	1×2	1×2	1×2	—	—	—	—	—	—	—	—
			四开	4×2	2×2	2×2	1×1	1×2	1×2	1×2	1×2	—	—	—	—	—
			对开	6×3	4×3	3×3	2×3	2×3	1×3	1×2	1×2	1×2	1×3	1×3	1×3	1×4
			全开	9×4	6×4	4×4	3×4	3×4	2×4	2×4	2×4	1×2	11—14折1×3; 15—18折1×4			

续表

一张 PS 版可制作的折页装数量（横×竖）/个

开本	形式	印刷机型	对折 4面	3折 6面	4折 8面	5折 10面	6折 12面	7折 14面	8折 16面	9折 18面	10折 20面	11折 22面	12折 24面	13折 26面	14折 28面
64开	横本 210×74	八开	1×4	—	—	—	—	—	—	—	—	—	—	—	—
		六开	1×5	—	—	—	—	—	—	—	—	—	—	—	—
		四开	1×4	1×6	—	—	—	—	—	—	—	—	—	—	—
		对开	2×7	1×7	1×7	—	—	—	—	—	—	—	—	—	—
		全开	3×12	2×12	1×7	1×9	1×12	—	—	—	—	—	—	—	—
	竖本 74×140	八开	3×2	2×2	1×2	1×2	1×2	—	—	—	—	—	—	—	—
		六开	3×3	2×3	1×2	1×2	1×3	—	—	—	—	—	—	—	—
		四开	4×3	3×3	2×2	1×2	1×2	1×2	1×3	1×3	—	—	—	—	—
		对开	6×4	4×4	3×4	2×4	2×4	1×2	1×3	1×3	1×3	1×4	1×4	1×4	—
		全开	9×6	6×6	4×6	3×5	3×6	2×5	2×6	2×6	10—13折1×4；14折1×5；15折1×6；16折1×6；17—18折1×6				
96开	横本 140×74	八开	1×3	1×4	—	—	—	—	—	—	—	—	—	—	—
		六开	1×4	1×4	1×5	—	—	—	—	—	—	—	—	—	—
		四开	2×5	1×4	1×5	1×7	1×7	—	—	—	—	—	—	—	—
		对开	3×7	2×7	1×5	1×7	1×7	1×8	1×10	—	—	—	—	—	—
		全开	4×12	3×12	2×12	1×7	1×7	1×8	1×8	1×12	—	—	—	—	—

续表

一张 PS 版可制作的折页装数量（横×竖）/个

开本	版式	机型	对折 4面	3折 6面	4折 8面	5折 10面	6折 12面	7折 14面	8折 16面	9折 18面	10折 20面	11折 22面	12折 24面	13折 26面	14折 28面
128开	竖本 74×105	八开	3×3	2×3	1×2	1×2	1×3	—	—	—	—	—	—	—	—
		六开	3×4	2×4	1×3	1×3	1×4	—	—	—	—	—	—	—	—
		四开	4×4	3×4	2×4	1×3	1×7	1×8	1×4	1×4	1×4	1×5	12—14折1×6；15—17折1×7；18折1×8		—
		对开	6×6	4×6	3×6	2×5	2×6	1×3	1×4	1×4	1×4	1×5	1×6	1×6	—
		全开	9×8	6×8	4×8	3×8	3×8	2×7	2×7	2×8	—	—	—	—	—
	横本 105×74	八开	2×4	1×4	1×4	—	—	—	—	—	—	—	—	—	—
		六开	2×5	1×4	1×5	—	—	—	—	—	—	—	—	—	—
		四开	3×6	2×6	1×4	1×5	1×6	1×6	1×7	—	—	—	—	—	—
		对开	4×7	3×7	2×7	1×5	1×6	1×6	1×7	1×8	1×9	1×10	1×11	1×12	—
		全开	6×12	4×12	3×12	2×9	2×12	2×10	2×11	2×12	—	—	—	—	—
192开	方本 74×70	八开	3×4	2×3	1×4	1×3	1×4	—	—	—	—	—	—	—	—
		六开	3×5	2×5	1×4	1×4	1×5	1×5	1×5	1×6	—	—	—	—	—
		四开	4×5	3×6	2×5	1×4	1×5	1×5	1×5	1×6	1×7	11折1×8；12—13折1×9；14—15折1×10；16—17折1×11；18折1×12			—
		对开	6×8	4×8	3×8	2×7	2×8	2×10	2×11	1×6	1×7	1×8	1×9	1×9	—
		全开	9×12	6×11	4×11	3×11	3×11	2×11	2×11	2×12	1×7	1×8	1×9	1×9	—

续表

开本形式及印刷机型		一张PS版可制作的折页装数量（横×竖）/个												
		对折 4面	3折 6面	4折 8面	5折 10面	6折 12面	7折 14面	8折 16面	9折 18面	10折 20面	11折 22面	12折 24面	13折 26面	14折 28面
192开 70×74 方本 开	八开	3×4	2×4	1×3	1×3	1×4	—	—	—	—	—	—	—	—
	六开	3×5	2×5	1×4	1×4	1×5	—	—	—	—	—	—	—	—
	四开	4×5	3×6	2×5	1×3	1×4	1×5	1×5	1×6	—	—	—	—	—
	对开	6×7	4×8	3×7	2×7	2×7	1×5	1×5	1×6	1×6	1×7	1×7	1×8	1×8
	全开	9×12	6×12	4×12	3×9	3×12	2×10	2×10	2×12	1×6	11—12折1×7；13—14折1×8；15折1×9；16—17折1×10、18折1×11；19折1×12			

注：
1. 本表列出折页装各种开本规格设计和印刷时拼版页数，折次数据，也列在本表中，以斜体标出（实际有40种规格，共32种规格，其中有8种规格不符合合折页）。
2. 表尺寸比例规定70×210的折页装。因此，表中"—"表示该印刷机型不能印刷此形状的折页装。
3. 3折包括内三折、外三折；4折包括双对开、关门折、窗形折、4折页卷心折、4折页风琴折。
4. 本开本设计以国内现有印装设备（最大为对开机）和纸张规格（最大1000×1400）能实现印装生产为原则，即1000M×1400全张纸用全开机、四开机，六开机使用对开机、六开机。1000×1400M：使用对开机，四开机、六开机为依据。
5. 折页装的特点就是只折页，不准许粘接。见诸报道道的有17折栅道。因此，折页机次不成问题。
6. 折页装成品展开长长度最大不超过1368mm【成品展开长长度=1400-32（光边量6、裁切留白量20、印刷留白量6、裁切留白量6）】。

表2-9　折页装印制时与印刷机规格的匹配关系

折页装成品展开长度	全开机	对开机	四开机	八开机		六开机
	全张纸M在短边一开纸1394×994M	全张纸M在长边对开纸994×697M	全张纸M在短边四开纸697×497M	全张纸M在长边八开纸497×348M	全张纸M在短边九开纸464×333M	全张纸M在长边六开纸497×464M
> 974 ~ ≤ 1374	必须	×	×	×	×	×
> 677 ~ ≤ 974	可用	优先	×	×	×	×
> 477 ~ ≤ 677	可用	可用	优先	×	×	×
≤ 477	×	可用	可用	优先	可用	可用

　　每个印刷厂都具备全开机、对开机、四开机、八开机、六开机等各种规格的印刷机是不现实的。尤其是为数众多的中小印刷厂，可能一个厂只有一两台印刷机。应用最普遍的胶版印刷机为对开机和四开机。

　　制作者就要根据所设计的折页装成品展开长度和折页次数，考察印刷厂的印制设备是否能承印。设计的折页装成品展开长度超过974mm（上机印刷纸宽度994mm），就必须使用全开机印刷，无全开胶印机的印刷厂是无法印刷的；而成品展开长度超过677mm（上机印刷纸宽度697mm）的折页装，应优先采用对开机印刷，没有对开机或全开机的印刷厂无法印制；成品展开长度超过477mm（上机印刷纸宽度497mm）的折页装，应优先采用四开机印刷，就不能选择仅有八开机的印刷厂；成品展开长度少于477mm（上机印刷纸宽度497mm）的折页装，任何印刷厂都可印制。

第三节　平行折折页装的形式

　　常见的平行折折页装为对折、三折（又分为内三折或信折、外三折或风琴折、窗形折）、四折（又分为关门折、双对折、卷心折、外四折或风琴折）、五折直至十九折的风琴折（又称扇形折）及特殊折页形式

（对折＋风琴折、对折＋卷心折），示例见图 2-8。

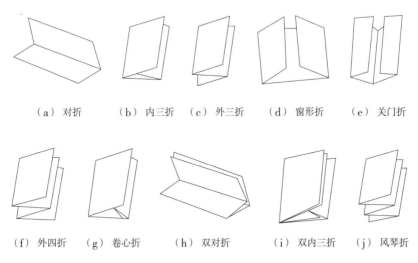

（a）对折　　（b）内三折　（c）外三折　（d）窗形折　（e）关门折

（f）外四折　（g）卷心折　　（h）双对折　　（i）双内三折　（j）风琴折

图 2-8　平行折折页装基本图形示意图

窗形折与关门折的区别，其实仅是折页次数和开本数的不同。在窗形折和关门折成品展开长度相同的情况下，窗形折开本数也可以理解为关门折开本数的二倍，只是比关门折少折一次而已。

一、对折

折页装成品正面 2 个页码、反面 2 个页码，正面页码为 1（封面）、4（封底），反面页码为 2、3，总计 4 个页码，对折 1 次。因此得名"对折"，示例见图 2-9。

（a）对折示意图

图 2-9

（b） 对折实样

图 2-9 对折折页装

对折还有一种天开形式，从下向上翻开首页（封面），也应以滚翻方式翻面，示例见图 2-10。

正面	反面
4 封底	2
1 封面	3

（a） 对折天开示意图

（b） 对折天开形式实样

图 2-10 对折天开形式

二、内三折

内三折折页装成品正面 3 个页码，反面 3 个页码，正面页码为 5、6（封底）、1（封面），反面页码为 2、3、4。总计 6 个页码，折 2 次。因每次折页都是向内折，故称内三折。人们写信，也是将信纸从下 1/3 处向上折，再向上折，故又称这种内三折的形式为"信折"。内三折也是卷心折。

最后一页在设计时应比正常页少 2mm，以便折页后不折边，示例见图 2-11。

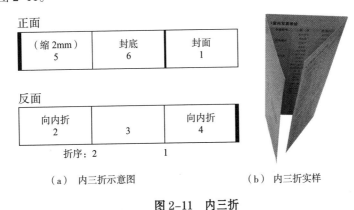

（a）内三折示意图　　　　　（b）内三折实样

图 2-11　内三折

内三折还有一种天开形式，从下向上翻开首页（封面），也应以滚翻方式翻面，示例见图 2-12。

反面
5
6 封底
1 封面

正面
4
3
2

（a）内三折天开示意图

图 2-12

（b）内三折天开形式实样

图 2-12　内三折天开形式

三、外三折

外三折折页装成品正面 3 个页码，反面 3 个页码，正面页码为 5、6、1（封面），反面页码为 2、3、4（封底）。总计 6 个页码，折 2 次。这种外三折的方式也是风琴折，示例见图 2-13。

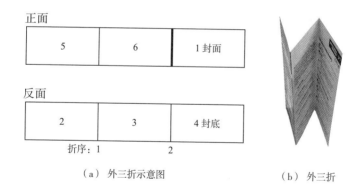

正面

| 5 | 6 | 1封面 |

反面

| 2 | 3 | 4封底 |

折序：1　　　　2

（a）外三折示意图　　　　　　　　　　（b）外三折

图 2-13　外三折

四、窗形折

窗形折折页装成品正面 3 个页码，反面 3 个页码，正面页码为 5、6（封底）、1（封面），反面页码为 2、3、4。总计 6 个页码，折 2 次。这种窗形折的方式就像关窗户一样，故名为窗形折。

窗形折在设计时，第一页的左侧和最后一页的右侧应比正常页少 2mm，以便折页后不折边。（窗形折应按 8 页码位置对待，因为向内折的两侧页尺寸各为中间页的一半减去 2mm，即两侧页宽度总和等于中间页宽度减去 4mm），示例见图 2-14。

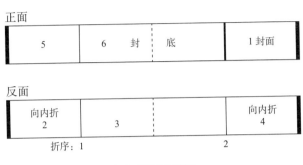

（a）窗形折示意图

（b）窗形折实样

图 2-14 窗形折

五、双对折

双对折折页装成品正面 4 个页码、反面 4 个页码，正面页码为 6、7、8（封底）、1（封面），反面页码为 2、3、4、5。总计 8 个页码，折 2 次。这种双对折的方式是两次对折形成的折页装，故称为双对折，示例见图 2-15。

正面

6	7	8 封底	1 封面

反面

2	3	4	5

折序：2　　1　　2

（a）双对折示意图

（b）双对折实样

图 2-15　双对折

六、外四折

外四折折页装成品正面 4 个页码、反面 4 个页码，正面页码为 6、7、8（封底）、1（封面），反面页码为 2、3、4、5。总计 8 个页码，折 3 次。这种外四折的方式是反复对折形成的折页装，也是风琴折，示例见图 2-16。

正面

6 封底	7	8	1 封面

反面

2	3	4	5

折序：1　　2　　3

（a）外四折示意图

图 2-16

（b） 外四折实样

图 2-16　外四折

七、关门折

关门折折页装成品正面4个页码、反面4个页码，正面页码为7、8（封底）、1（封面）、2，反面页码为3、4、5、6。总计8个页码，折3次。这种关门折的方式就像关双扇门一样都向内折，故名为关门折。关门折也是卷心折形式。

关门折在设计时，第一页的左侧和最后一页的右侧应比正常页少2mm，以便折页后不折边，示例见图2-17。

正面

7	8 封底	1 封面	2

反面

3 向内折	4	5	6 向内折

折序：1　　　3　　　2

（a） 关门折示意图

图 2-17

（b） 关门折实样

图 2-17　关门折

八、卷心折

卷心折是内三折基础上加页形成的一种折页装形式。即在内三折的最后一页后边加一页或两页，连续内折，成为 4 折页或 5 折页卷心折，最终成为对折状。

卷心折的特点是，其成品都是对折形式，每个卷心页要比前页缩尺 2mm。

卷心折在设计时，卷心的每页水平向规格必须缩尺，每个卷心页都要比其前页少 2mm，以便折后不折边。卷心页越多，缩尺越多。因此，见诸市场的卷心折有 3 折页卷心折、4 折页卷心折、5 折页卷心折，最多的有 6 折页卷心折。不应无限制地加页，示例见图 2-18。

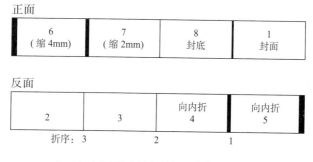

（a-1）　4 折页卷心折（对折＋二个卷心页）

（a-2） 4折页卷心折实样

正面

7 （缩6mm）	8 （缩4mm）	9 （缩2mm）	10 封底	1 封面

反面

2	3	向内折 4	向内折 5	向内折 6

折序： 4　　　　　　3　　　　　　2　　　　　　1

（b-1） 5折页卷心折（对折＋三个卷心页）示意图

（b-2） 5折页卷心折实样

图2-18 卷心折

九、风琴折

风琴折折页装成品是相邻两页之间对折构成的，就像手风琴的风箱一样，也像扇子的折叠扇面一样，故名风琴折或扇形折。

风琴折折页装不论多少折，其封面总是在折页装展开后正面的第一页，而封底则在奇数折页时处于反面的最后一页，偶数折页时处于正面的最后一页。

风琴折又分普通风琴折折页装和封面、封底加粘硬壳的特殊形式——经折装。

折页风琴折折页装成品从5折页（10页码）可至19折页（38页码）以下给出的是5折页风琴折，正面5个页码，反面5个页码，正面页码为7、8、9、10、1（封面），反面页码为2、3、4、5、6（封底）。总计10页码，折4次，示例见图2-19。

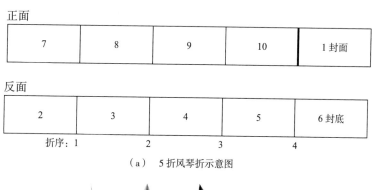

正面

| 7 | 8 | 9 | 10 | 1 封面 |

反面

| 2 | 3 | 4 | 5 | 6 封底 |

折序：1　　　　2　　　　3　　　　4

（a）　5折风琴折示意图

（b）　5折页风琴折实样

图2-19　5折风琴折

8折页风琴折正面8个页码、反面8个页码，正面页码为10（封底）、11、12、13、14、15、16、1（封面），反面页码为2、3、4、5、6、7、8、9。总计12个页码，折7次，示例见图2-20。

正面

10 封底	11	12	13	14	15	16	1 封面

反面

2	3	4	5	6	7	8	9

折序： 1　　　2　　　3　　　4　　　5　　　6　　　7

（a）　8折风琴折示意图

（b）　8折风琴折实样

图2-20　8折风琴折

更多折页的风琴折折页装，按以上折序——即奇数折数的折页装按图2-19（a）、偶数折数的折页装按图2-20 (a) 方式排序即可。

十、风琴折对折

风琴折对折折页装是将风琴折与对折相结合的平行折折页装。风琴折部分有 2 折页、3 折页、4 折页、5 折页的，最后一折为对折形式。其优点是折页装未展开前呈对折状，比普通风琴折折页装放置和携带更方便。

其设计特点是，风琴折折页部分在开本尺寸基础上每页均减 2mm，以保障风琴页不折边。

风琴折对折折页装成品从 4 折页（8 页码）至 19 折页（38 页码）均可制作。图 2-21（a）给出的是 5 折页风琴折对折折页装，正面 5 个页码、反面 5 个页码，正面页码为 7、8、9、10（封底）、1（封面），反面页码为 2、3、4、5、6，总计 10 个页码，折 4 次。更多折页的风琴折对折折页装按此折序方式折页即可，示例见图 2-21。

正面

7 208mm	8 208mm	9 208mm	10 封底 210mm	1 封面 210mm

反面

2 210mm	3 210mm	4 208mm	5 208mm	6 208mm

折序：4　　　　　　3　　　　　　2　　　　　　1

（a）　5 折页风琴折对折折页装示意图

（b）　5 折页风琴折对折折页装实样

图 2-21　5 折页风琴折对折折页装

十一、卷心折关门折

卷心折关门折折页装，是将卷心折与关门折相结合的平行折折页装。在关门折基础上，在后一侧加一页或两页，或在双侧各加一页，顺序向内卷心，最终为关门折折页装状。既有卷心折特征，又有关门折特征。故称为卷心折关门折折页装。

更多折页的卷心折关门折折页装按此折序方式折页即可，示例见图2-22。

正面

8	9	10 封底	1 封面	2

反面

3 向内折（缩 2mm）	4 向内折	5	6 向内折（缩 2mm）	7 向内折（缩 4mm）

折序：　1　　　　　4　　　　3　　　　2

（a-1）　5 折页卷心折关门折折页装示意图（一侧加 1 页）

（a-2）　5 折页卷心折关门折折页装实样

图 2-22

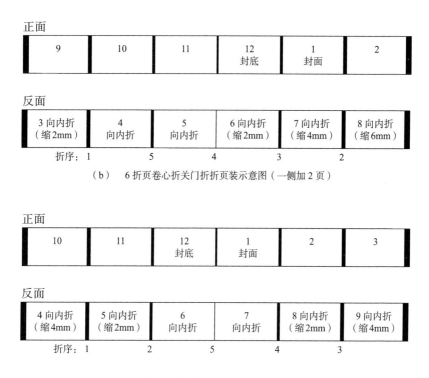

正面

| 9 | 10 | 11 | 12 封底 | 1 封面 | 2 |

反面

| 3 向内折（缩2mm） | 4 向内折 | 5 向内折 | 6 向内折（缩2mm） | 7 向内折 缩4mm | 8 向内折 缩6mm |

折序： 1　　　　5　　　　4　　　　3　　　　2

（b）　6折页卷心折关门折折页装示意图（一侧加2页）

正面

| 10 | 11 | 12 封底 | 1 封面 | 2 | 3 |

反面

| 4 向内折（缩4mm） | 5 向内折（缩2mm） | 6 向内折 | 7 向内折 | 8 向内折（缩2mm） | 9 向内折（缩4mm） |

折序： 1　　　　2　　　　5　　　　4　　　　3

（c）　6折页卷心折关门折折页装示意图（双侧各加1页）

图2-22　卷心折关门折折页装

十二、经折装

经折装是封面、封底加装硬壳的风琴折，是页码数较多的风琴折。第1页和最后1页与硬壳粘接。使折页装变得厚重与结实，显得高雅、大气、华贵、高档。

古代王公贵族使用的奏折、折本就是典型的代表形式。近代生活中，经折装用于印制可随身携带的常用资料和数据。

经折装与风琴折的根本区别就在于封面和封底都加粘了硬壳。展开使用时，其封面和封底必须在一个平面上。因此，必须以偶数折页数为条件（至少4折=8页码），即4折（8页）、6折（12页）、8折（16页）、10（20页）、12（24页）、14（28页）、16（32页）、18（36页）、

20（40页）折制作，而不能以奇数折页数制作，如5折（10页）、7折（14页）……否则展开折页装后会使封面、封底分别处于正反面上。

经折装又分单面使用和双面使用两种。

（1）单面用：只用反面（里面），反面为空白页，用于手写，示例见图2-23。

正面（空白，或设计成图案——印刷）

封面						封底

反面（里面）（空白，或设计成信纸框线——印刷）

封三	6	5	4	3	2	1	封二

图2-23　奏折示意图

古代都是竖写文字右手侧打开折本（竖排图文，从右向左排列页码，从右向左阅读）

（2）双面用：又分以下两种。

①除封面、封底外，都可用，即总页码数 −2= 实际可用页数，示例见图2-24（a）所示。

正面

封底	9	10	11	12	13	14	封面

反面

1 封三	2	3	4	5	6	7	8 封二

图2-24（a）　经折装示意图

②封面、封二（封面的里面）、封三（封底的里面）、封底都不用。总页数 –4= 实际可用页数，示例见图 2-24（b）所示。

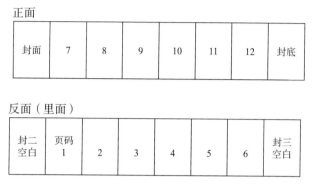

图 2-24（b）　经折装示意图

横排图文，从左向右排列页码，从左向右阅读

第四节　平行折折页装的特点

平行折折页装是另一种形式的纸质出版物，是不用装订的纸质出版物。因此，它也有封面、封底，也有书脊，也有横本、竖本、方本，也有左开本、右开本、天开本。也要遵循横排图文版式的书脊在左手侧，竖排图文版式的书脊在右手侧，书脊在上手侧（天头侧）的，横排和竖排图文均适用。

但因折页装是只折页不装订的，与正式出版的装订书刊在设计、拼版、阅读展开方式、页码排列顺序等方面就有着很多不同。

一、只有一个正面页和一个反面页

平行折折页装展开后，不论有多少独立页码，都是一个单张，只分为正面页和反面页。

二、封面与封底

平行折折页装折叠成开本时，其封面和封底位置同书刊一样。但展开后，封面和封底所在位置则会因折页装的折页形式和折页次数而变化。不论折页装展开后封面处于什么位置，总是将封面作为正面、作为第一页，其他页码从封面页向右顺序排列。封底位置却因折页装种类、页数不同而变化。

例如，4折页的关门折封面和封底都处于正面上，示例见图2–25。

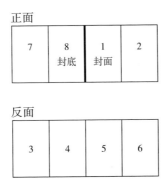

图 2–25　关门折封面封底

而7折页风琴折封面和封底分别处于正面和反面上，示例见图2–26。

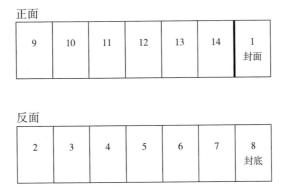

图 2–26　外4折封面封底式样

三、不准许有空白页

平行折折页装的页码数总是双页码结束，不准许有空白页。

四、以纸张水平向尺寸为设计依据

折页装是一种总体展开阅读的印刷品。页面之间不存在印后裁切。因此，版面之间不用留裁切余量。折页装只需要两边的页面留裁切留量。如图 2-27 所示，每个折页装只需左右加留总计 6mm 成品裁切留量。可在印刷设备的印刷幅宽尺寸范围内，根据开本水平向幅面规格任意设计页面数量，或任意拼排折页装数量。平行折折页装名称、各种折页装的页码数、折页顺序的相互关系列于表 2-10，方便设计者选择。

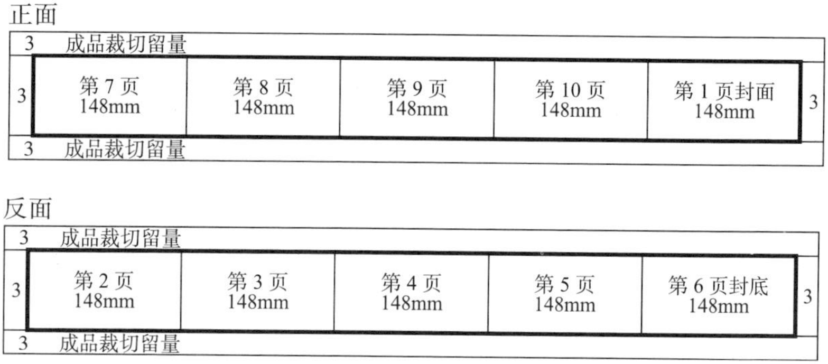

正面

3	成品裁切留量					
3	第7页 148mm	第8页 148mm	第9页 148mm	第10页 148mm	第1页封面 148mm	3
3	成品裁切留量					

反面

3	成品裁切留量					
3	第2页 148mm	第3页 148mm	第4页 148mm	第5页 148mm	第6页封底 148mm	3
3	成品裁切留量					

图 2-27　5 折页风琴折折页装（148×210）设计示意图

表 2-10　平行折折页装名称页码数折序关系表

页码数	折页装名称	设计格式	折页顺序
4 页码	对折	水平向一面 2 页码	
6 页码	内 3 折	水平向一面 3 页码（1 页码有缩尺）	以 1/3 向内折
	外 3 折	水平向一面 3 页码	以 1/3 反复折
	窗形折	水平向一面 3 页码（2 页码有缩尺）	两侧向内折（中间相当于 2 页宽度）（2 折次）

续表

页码数	折页装名称	设计格式	折页顺序
8页码	关门折	水平向一面4页码（2页码有缩尺）	首先两侧以1/4向内折，然后对折（3折次）
	双对折	水平向一面4页码	首先对折，然后再对折（2折次）
	卷心折	水平向一面4页码（2页码有缩尺）	按开本水平向尺寸，倒数依顺序平行反复折（3折次）
	风琴折	水平向一面4页码	按开本水平向尺寸，依顺序平行反复折（3折次）
10页码	5折页风琴折	水平向一面5页码	按开本水平向尺寸，依顺序平行反复折（4折次）
	5折页（关门折+卷心折）	水平向一面5页码（3页码有缩尺）	总体是关门折，右侧为卷心折（4折次）
	5折页（对折+卷心折）	水平向一面5页码（3页码有缩尺）	总体是对折，右侧为卷心折（4折次）
12页码	6折页风琴折	水平向一面6页码	按开本水平向尺寸，依顺序平行反复折（5折次）
	6折页风琴折对折	水平向一面6页码（4页码有缩尺）	总体是对折，右侧为4折风琴折（5折次）
	6折页卷心折关门折	水平向一面6页码（4页码有缩尺）	总体是关门折，两侧为卷心折（5折次）
14页码	7折页风琴折	水平向一面7页码	按开本水平向尺寸，依顺序平行反复折（6折次）
16页码	8折页风琴折	水平向一面8页码	按开本水平向尺寸，依顺序平行反复折（7折次）
18页码	9折页风琴折	水平向一面9页码	按开本水平向尺寸，依顺序平行反复折（8折次）
20页码	10折页风琴折	水平向一面10页码	按开本水平向尺寸，依顺序平行反复折（9折次）

页码数	折页装名称	设计格式	折页顺序
22 页码	11 折页风琴折	水平向一面 11 页码	按开本水平向尺寸，依顺序平行反复折（10 折次）
24 页码	12 折页风琴折	水平向一面 12 页码	按开本水平向尺寸，依顺序平行反复折（11 折次）
26 页码	13 折页风琴折	水平向一面 13 页码	按开本水平向尺寸，依顺序平行反复折（12 折次）
28 页码	14 折页风琴折	水平向一面 14 页码	按开本水平向尺寸，依顺序平行反复折（13 折次）
30 页码	15 折页风琴折	水平向一面 15 页码	按开本水平向尺寸，依顺序平行反复折（14 折次）
32 页码	16 折页风琴折	水平向一面 16 页码	按开本水平向尺寸，依顺序平行反复折（15 折次）
34 页码	17 折页风琴折	水平向一面 17 页码	按开本水平向尺寸，依顺序平行反复折（16 折次）
36 页码	18 折页风琴折	水平向一面 18 页码	按开本水平向尺寸，依顺序平行反复折（17 折次）
38 页码	19 折页风琴折	水平向一面 19 页码	按开本水平向尺寸，依顺序平行反复折（18 折次）

注：折页装最多横排 19 页（单面）（18 折次）（见诸文字报道的有 17 折栅的折页机）

五、缩尺

内三折、窗形折、关门折、卷心折等形式的折页装，为了折页时不造成折边，在设计时就需要将向内折的页面外侧边比正常版面尺寸少，称为缩尺。缩尺又分为两种情况。一种是卷心的每页尺寸递减 2mm。如，内三折开本幅面为 297mm，而向内折的版面应为 295mm。注意，其反面也要缩尺 2mm，示例见图 2-28。

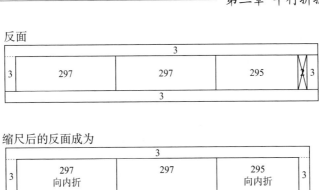

（a） 内三折设计时尺寸缩尺示意图

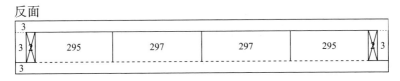

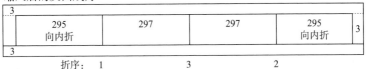

（b） 关门折设计时尺寸缩尺示意图

（c） 卷心折设计时尺寸缩尺示意图

图2-28 设计时尺寸缩尺示意图

61

如，同是 297mm 开本的内三折、外三折，虽然都是三折页折页装，但外三折成品展开后实际水平长度为 891mm，而内三折成品展开后实际水平长度则为 889mm，示例见图 2-29。

297 对折	297	295 向内折

折序：　　　2　　　　　　　1

（a）　内三折展开尺寸（889mm，缩尺了 2mm）示意图

297	297 向左折	297 向右折

折序：　　　1　　　　　　　2

（b）　外三折展开尺寸 (891mm) 示意图

图 2-29　不同形式的三折折页装展开尺寸对比

又如，同是 297mm 开本的关门折、外四折，虽然都是四折页折页装，但外四折成品展开后实际水平长度为 1188mm，而关门折成品展开后实际水平长度则为 1184mm，卷心折（四折）的成品展开后实际水平长度则为 1182mm，示例见图 2-30 所示。

295	297	297	295

（a）　关门折展开尺寸（1184mm，缩尺了 4mm）示意图

297	297	297	297

（b）　外四折展开尺寸（1184mm）示意图

293	295	297	297

（c）　卷心折（四折）展开尺寸（1182mm，缩尺了 6mm）示意图

图 2-30　不同形式的四折折页装展开尺寸对比

另一种是向内折的每页均减少 2 mm，如对折风琴折，除最后形成的对折页外，其他各风琴折页均视为向内折，与卷心折的不同在于各页之间不是继续向内折，而是反复折形式，示例见图 2-31。

反面

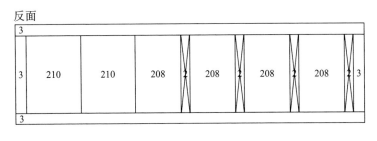

缩尺后的反面

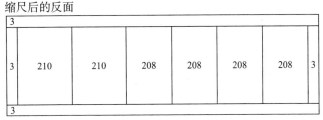

图 2-31 风琴折对折设计时尺寸缩尺示意图

六、色彩

折页装可采用黑白、双色、彩色设计。以宣传为目的的折页装通常是彩色设计，为多姿多彩的精美设计提供了条件。

七、纸张

因为折页装是单独使用，经常折叠和展开，要求纸张具有较高的挺度，较好的挠度（折叠柔韧性好）。黑白设计印刷的，用胶版纸。例如药品说明书用 50g 胶版印刷纸。彩色设计效果需要纸张更好地再现色彩，所以，一般采用 157g/m²、200g/m²、250g/m² 铜版纸印制。要求较低的，也可使用轻涂纸、高品质胶版纸印制。

八、纸张丝缕方向

折页装与书刊对纸张丝缕方向的要求有所区别。从开本上看，折页装规格与书刊没有区别，所以，折页装的高度方向（垂直向）应同书刊一样为纸的竖丝；从使用上看，书刊是翻页阅读，其一个页码就是一个幅面，而折页装是将开本幅面横向展开阅读，要求横向具有较强拉伸强度，那么，折页装的水平向（横向）为纸的竖丝则更有利于使用。从这个角度看，将折页装展开后的开本也可将其长度方向理解为开本的高度方向。

因此，折页装对纸的丝缕要求具有双重性。从折页装使用的纸张品质多为铜版纸这个实际看，铜版纸密度相对较大，折叠韧性较好，横竖方向的拉伸强度差别较胶版纸小，可以满足折页装水平向为纸的竖丝的要求。

综合折页装的双重性和纸张因素，折页装成品的纸张丝缕方向可横可竖，示例见图2-32。

图2-32　折页装成品纸张撕扯
——丝缕方向

九、出血版设计

采用彩色设计的折页装，为美化、活跃版面提供了条件。因此，以宣传品为目的的折页装设计，多为出血版面。

十、多页连版设计

因折页装成品各页之间不用切断、也不用粘接，内容单独成页，也可作连页设计，图、表可2页、3页、多页跨版连体，为版面设计的多样化提供了条件。示例见图2-33。

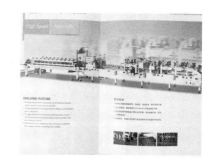

图2-33　跨版连排

十一、页码顺序编排规则

折页装设计时，页码顺序规则是以封面定位为1、为首页（这一点与书刊的规则是不一样的。书刊的封面不计页码，位置固定，而折页装的封面位置因折页装的形式与页数多少而变化。设计时，为排列页码，有一个固定的规则可循。所以，将封面统一定位为页码1，即首页）。书脊在封面页的一侧。各种折页装设计示意图均以粗线标出书脊。

横排图文版式的页码顺序是从左向右排列，示例见图2-34，竖排图文版式的页码顺序是从右向左排列，示例见图2-35。

正面

8封底	9	10	11	12	1封面

反面

2	3	4	5	6	7

图2-34 左开本风琴折折页装页码排列顺序示意图

正面

1封面	2	3	4	5	6封底

反面

7	8	9	10	11	12

图2-35 右开本风琴折折页装页码排列顺序示意图

十二、暗码设计

折页装版面上没有页码标识。没有页码标识，不等于没有页码顺序。

内容采用了以暗码排列页码顺序的设计方法。

十三、成品展开规则

平行折折页装阅读时也同读书刊时需要打开书一样,首先翻开封面,然后再展开其他页的形式阅读。封面翻开规则也应遵守书刊书脊位置的规定。即横排图文版式的书脊在左侧,从右向左翻阅;竖排图文版式的书脊在右侧,从左向右翻阅;天开形式的,则从下向上翻阅。设计时应遵守这个规则,如图 2-36 所示。

图 2-36　横排图文折页装展开方式及页码顺序正确的设计

违反这个原则所设计的折页装,尽管它也能阅读,但这样设计是错误的,既违反成品展开顺序原则、页码排列顺序规则,又违反书脊位置规则、翻阅规则。

以图 2-37(a)所示的 5 折风琴折实物为例,该折页装为横排图文。按规则,首页(封面)应从右向左翻开,书脊应在左侧。而该实物实际是书脊在右侧——不符合横排图文书脊在封面左侧规则。首页只能从左向左拉开才能符合横排图文版的阅读方式——从左向右阅读。这就违反了折页装的展开规则;若首页采用翻开方式,就得从左向右翻开首页,然后向右拉开,那么又不符合页码排序规则——不是从左向右,而是从右向左排列,尽管该折页装各页内容是独立的,也可以从左向右阅读,表面看不出来内容顺序的不对,但不能因此而说页码排序是对的。

图 2-37（a） 设计造成的展开顺序错误——5 折页风琴折

图 2-37（a）的页码顺序如图 2-37（b）所示：

正面

1 封面	2	3	4	5

反面

6 封底	7	8	9	10

折序： 1　　　　2　　　　3　　　　4

图 2-37（b） 5 折风琴折错误设计示意图

正确的设计应为图 2-37(c) 所示：

正面

7	8	9	10	1 封面

反面

2	3	4	5	6 封底

折序： 1　　　　2　　　　3　　　　4

图 2-37（c） 5 折风琴折正确设计示意图

第五节　拼版原则

首先根据折页装的水平向尺寸，确定要使用的印刷机规格（印刷纸张规格），确定水平向可拼折页装数量。然后，根据所用印刷机纵向可印刷尺寸，确定纵向可排布折页装数量。在此过程中，要考虑纸张利用率、设备条件、生产效率、综合节约等因素来安排垂直向的拼版页数。

一、多个折页装连拼

当纸张水平向尺寸能连拼 2 个及以上折页装时，不论是设计时出大片还是印刷厂拼版，在折页装横向之间、纵向之间都要留空白，用于横向、纵向裁切。图 2-38 为 3 个 3 折页折页装印装拼版示意图。

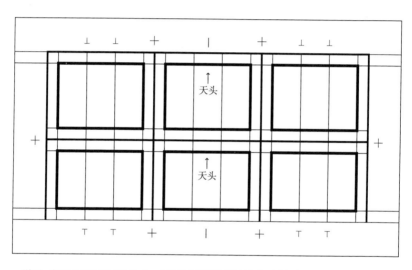

说明：粗线为折页装成品尺寸，中粗线为折页装设计尺寸，黑色线为上机印刷纸规格。
先水平向将每个折页装切成品尺寸，再上折页机折页，最后纵向切成品尺寸。
或：印刷后，先水平向将每个折页装切成品尺寸，再纵向将每个折页装断开，上折页机折页，最后纵向切成品尺寸。

图 2-38　3 个 3 折页折页装印装拼版示意图

二、顺向拼版

书刊书帖在 2 折及以上折数时，因为上下页需要折页，故采用对头拼版。而折页装不存在上下折页问题，则采用顺向拼版。也就是上下折页装的天头都朝上方（叼口）同一方向排列，如图 2-38 所示。

第六节　印　刷

书刊的页面可以单独印刷。而折页装的页面是不可以分割的，整个折页装的页面是一个整体。如 297×210 开本的书刊，横 4 竖 4 拼版，可以用全开机印刷，而横 2 竖 2 拼版的，也可以用四开机印刷。而 297×210 开本的 4 折折页装，则必须使用全开机印刷。没有全开机的印刷厂无法印制 4 折折页装。

一、折页装展开长度决定所用印刷机规格

折页装的印刷，与书刊印刷对印刷机的要求有所不同。折页装是多页面展开构成一个成品，页与页之间不能断开、不能粘接，对印刷机的水平向规格有着限定。折页装的展开长度决定了所使用印刷机的规格。纸张与印刷机的匹配关系见表 2-11。

表 2-11　折页装设计印装生产数据匹配速查表

上机纸开张	纸张丝缕方向 M	水平向最大尺寸 / mm	垂直向最大尺寸 / mm	适用印刷机规格
1 开纸	M 在短边	1394	994	全开机
2 开纸	M 在长边	994	697	对开机
4 开纸	M 在短边	697	497	四开机
8 开纸	M 在长边	497	348	八开机
9 开纸	M 在短边	464	333	八开机
6 开纸	M 在长边	497	464	六开机

折页装利用的就是纸的幅面长度。所以设计时应尽量使用大规格机型。折页装上机印刷用纸规格以水平向展开幅面为前提。

二、纸张丝缕方向

上机印刷纸的竖丝仍应为纸张前进方向。本书所述以书刊设计、印

装"三向一致"原则为依据。

三、国际标准化开本尺寸的印刷

国际标准化开本尺寸折页装的印刷特点是，以开本规格和成品展开长度相结合，选择适用的印刷机规格和纸张规格。

国际标准化开本尺寸折页装印刷数据见附录 1~ 附录 5。

第三章　特种折页装

　　这种形式的折页装，多是将所宣传的物品进行形象化设计，为设计者提供了充分展示设计才能的条件。因此也就出现了多种多样的特种折页装作品。但应说明，这类折页装印制加工时会造成纸张空白量浪费、要制作个性化刀板进行裁切、折叠压线、手工折页等，使成本加大，使用并不方便，不是大众化的形式，只作为一种工艺美术性的特种形式对待。列举两例如下，示例见图3-1和图3-2。

　　示例一：

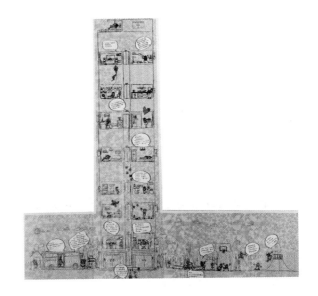

（a）　示例一式样

图3-1

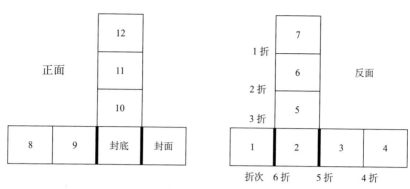

（b） 示例一设计示意图

图 3-1 美术性的特种形式设计——示例一

注：设计时，粗线的第 2 页两侧各加 2mm，其他各页尺寸相同；粗线的第 2 页两侧要压
线折页；反面横向 4 页、竖向 4 页都做了连页设计，构思独特。横向是楼的正面
与环境、竖向显示楼层。横竖向设计结合的十分巧妙。

示例二：

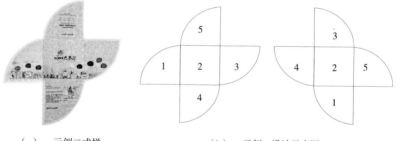

（a） 示例二式样 （b） 示例二设计示意图

图 3-2 美术性的特种形式设计——示例二

注：设计时，正面横向 3 页为一连续的画面，为一座楼前的街道环境；反面竖
向 3 页为一连续的画面，为一座楼的楼层。

第四章　地图折折页装

地图折折页装（以下简称地图折）设计的特点是只有幅面概念，没有页码概念。这种设计用于地图（单面印刷）、交通游览图（双面印刷）、各种信息图（单面或双面印刷）和宣传品图。

各种地图折的设计以 1 开、2 开、4 开、8 开为开本。开本尺寸大小取决于全张纸的尺寸幅面。地图折折页装设计时不存在页数概念，只存在所设计内容占用幅面多大的问题。只需考虑折叠成携带或存放时的开本多少就可以了。交通图、旅游图需确定封面位置。

设计地图时，一般不考虑携带折叠方便问题，但应考虑存放开本问题，示例见图 4-1。

设计交通图（示例见图 4-2）、旅游图（示例见图 4-3）时，考虑携带方便问题。因为它主要用于人们出行中使用，以折叠成 16 开、32 开为宜。要考虑折叠后封面幅面尺寸，就涉及开本打开方式、折叠方式、折叠次数和折叠顺序等问题。由于这些都没有统一的规定，本书也不做赘述。

图 4-1　地图

图 4-2　交通图

采用地图折的宣传品多为专为展会而印制的产品宣传单（示例见图4-4），多为通版设计，不按开本分隔幅面，多为平行垂直交叉折，折叠后成为8开、16开、32开，展开幅面为1开、2开、4开、8开、16开（示例见图4-5）。更多折次的也有。因此，将这一类采用地图折设计和折叠方式的产品宣传品（非招贴画，因为招贴画不存在折叠问题）也划归地图折一类。

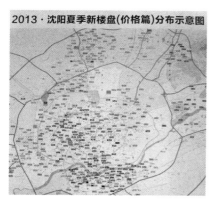

图 4-3　信息图

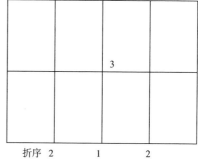

图 4-4　地图折宣传品

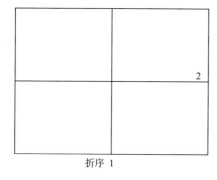

（a）　平行 + 垂直（8 页码）式样

（b）　平行 + 平行 + 垂直

（连续平行对折 2 次 + 垂直对折）

（16 页码）式样

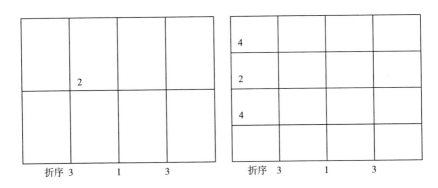

（c） 平行＋垂直＋平行（长边对折法）
（16 页码）式样

（d） 平行＋垂直＋平行＋垂直
＋平行＋垂直（长边对折法）
（32 页码）式样

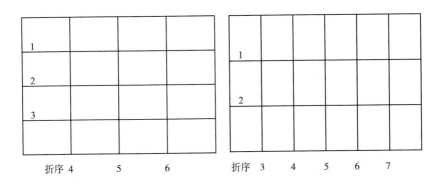

（e） 垂直＋垂直＋垂直＋平行＋
平行＋平行（连续短边反复折 3 次
＋连续长边反复折 3 次法）
（32 页码）式样

（f） 垂直＋垂直＋垂直＋平行＋平
行＋平行＋平行＋平行（连续短边反复
折 2 次＋连续长边反复折 5 次法）
（32 页码）式样

图 4-5 地图折折页方式

附录1　全开机印刷国际标准开本尺寸折页装数据表（以高度210或297为基础衍生的开本尺寸）

序号	开本数/开	开本形式	开本尺寸/mm	折页装形式	排版页数（横×竖）/页	页码/页	排版方式（每行个数×行数）	印后切断次数/次	折页/次	上机纸规格	上机印刷纸尺寸/mm	可选市售纸尺寸/mm	成品展开长度/mm
1	16	横本	297×210	单张	横4竖4	2	4×4	横3竖3	0	1开	1232×884	890M×1240	297
				对折	横4竖4	4	2×4	横1竖3	1	1开	1220×884	890M×1240	594
				3折	横3竖3	6	1×3	横0竖2	2	对开	917×668	1000×1400M	891
				4折	横4竖4	8	1×4	横0竖3	3	1开	1214×884	890M×1240	1188
		竖本	210×297	单张	横6竖3	2	6×3	横5竖2	0	1开	1304×929	1000M×1400	210
				对折	横6竖3	4	3×3	横2竖2	1	1开	1298×929	1000M×1400	420
				3折	横6竖3	6	2×3	横1竖2	2	1开	1292×929	1000M×1400	630
				4折	横4竖2	8	1×2	横0竖1	3	对开	866×626	900×1280M	840
				5折	横5竖2	10	1×2	横0竖1	4	1开	1076×626	787M×1092	1050
				6折	横6竖3	12	1×3	横0竖2	5	1开	1286×929	1000M×1400	1260
2	24	横本	297×140	单张	横4竖6	2	4×6	横3竖5	0	1开	1232×894	900M×1280	297
				对折	横4竖6	4	2×6	横1竖5	1	1开	1220×894	900M×1280	594
				3折	横3竖4	6	1×4	横0竖3	2	对开	917×604	1000×1400 M	891
				4折	横4竖6	8	1×6	横0竖5	3	1开	1214×894	900M×1280	1188

续表

序号 /开	开本数 /开	开本形式	开本尺寸 /mm	折页装形式	排版页数（横×竖） /页	页码 /页	排版方式（每行个数×行数）	印后切断次数 /次	折页 /次	上机纸规格	上机印刷纸尺寸 /mm	可选市售纸尺寸 /mm	成品展开长度 /mm
2	24	竖本	140×297	单张	横9竖3	2	9×3	横8竖2	0	1开	1334×929	1000M×1400	140
				对折	横8竖2	4	4×2	横3竖1	1	1开	1164×626	787M×1092	280
				3折	横9竖3	6	3×3	横2竖2	2	1开	1298×929	1000M×1400	420
				4折	横8竖2	8	2×2	横1竖1	3	1开	1152×626	787M×1092	560
				5折	横5竖2	10	1×2	横0竖1	4	对开	726×626	900×1280M	700
				6折	横6竖2	12	1×2	横0竖1	5	对开	866×626	900×1280M	840
				7折	横7竖2	14	1×2	横0竖1	6	对开	996×626	1000×1400M	980
				8折	横8竖3	16	1×3	横0竖2	7	1开	1146×929	1000M×1400	1120
				9折	横9竖3	18	1×3	横0竖2	8	1开	1286×929	1000M×1400	1260
3	32	横本	297×105	单张	横4竖8	2	4×8	横3竖7	0	1开	1232×908	1000M×1400	297
				对折	横4竖8	4	2×8	横1竖7	1	1开	1220×908	1000M×1400	594
				3折	横3竖6	6	1×6	横0竖5	2	对开	917×686	1000×1400M	891
				4折	横4竖7	8	1×7	横0竖6	3	1开	1214×797	880M×1230	1188
		竖本	105×297	单张	横4竖6	2	4×6	横3竖5	0	1开	1232×894	900M×1280	297

续表

序号	开本数/1开	开本形式	开本尺寸/mm	折页装形式	排版页数（横×竖）/页	页码/页	排版方式（每行个数×行数）	印后切断次数/次	折页/次	上机纸规格	上机印刷纸尺寸/mm	可选市售纸尺寸/mm	成品展开长度开长度/mm
3	32	竖本	105×297	对折	横12竖3	4	6×3	横5竖2	1	1开	1316×929	1000M×1400	210
				3折	横12竖3	6	2×4	横3竖2	2	1开	1304×929	1000M×1400	315
				4折	横12竖3	8	3×3	横2竖2	3	1开	1298×929	1000M×1400	420
				5折	横10竖2	10	2×2	横1竖1	4	1开	1072×626	787M×1092	525
				6折	横12竖3	12	2×3	横1竖2	5	1开	1292×929	1000M×1400	630
				7折	横7竖2	14	1×2	横1竖1	6	对开	761×626	900×1280M	735
				8折	横8竖2	16	1×2	横0竖1	7	对开	866×626	900×1280M	840
				9折	横9竖2	18	1×2	横0竖1	8	对开	971×626	1000×1400M	945
				10折	横10竖2	20	1×2	横0竖1	9	1开	1076×626	787M×1092	1050
				11折	横11竖3	22	1×3	横0竖1	10	1开	1181×626	889M×1194	1155
				12折	横12竖3	24	1×3	横0竖1	11	1开	1286×929	1000M×1400	1260
				13折	横13竖3	26	1×3	横0竖1	12	1开	1391×929	1000M×1400	1365
4	48	横本	297×70	单张	横4竖12	2	4×12	横3竖11	0	1开	1232×932	1000M×1400	297
				对折	横4竖12	4	2×12	横1竖11	1	1开	1220×932	1000M×1400	594

续表

序号	开本数/开	开本形式	开本尺寸/mm	折页装形式	排版页数（横×竖）/页	页码/页	排版方式（每行个数×行数）	印后切断次数/次	折页/次	上机纸规格	上机印刷纸尺寸/mm	可选市售纸尺寸/mm	成品展开长度/mm
4	48	横本	297×70	3折	横3竖8	6	1×8	横0竖7	2	对开	917×628	1000×1400M	891
		横本	297×70	4折	横4竖7	8	1×7	横0竖6	3	1开	1214×797	1000M×1400	1188
		竖本	70×297	单张	横18竖3	2	18×3	横17竖2	0	1开	1388×929	1000M×1400	70
		竖本		对折	横18竖3	4	9×3	横8竖2	1	1开	1334×929	1000M×1400	140
		竖本		3折	横18竖3	6	6×3	横5竖2	2	1开	1316×929	1000M×1400	210
		竖本		4折	横16竖3	8	4×3	横3竖2	3	1开	1304×929	1000M×1400	280
		竖本		5折	横15竖3	10	3×3	横2竖2	4	1开	1088×626	787M×1092	350
		竖本		6折	横18竖3	12	3×3	横2竖1	5	1开	1298×929	1000M×1400	420
		竖本		7折	横14竖2	14	2×2	横1竖1	6	1开	1012×626	787M×1092	490
		竖本		8折	横16竖2	16	2×2	横1竖1	7	1开	1152×626	850M×1168	560
		竖本		9折	横18竖3	18	2×3	横1竖2	8	1开	1292×929	1000M×1400	630
		竖本		10折	横10竖2	20	1×2	横0竖1	9	对开	726×626	900×1280M	700
		竖本		11折	横11竖2	22	1×2	横0竖1	10	对开	796×626	900×1280M	770
		竖本		12折	横12竖2	24	1×2	横0竖2	11	对开	866×626	900×1280M	840

续表

序号	开本数 /开	开本形式	开本尺寸 /mm	折页装形式	排版页数（横×竖）/页	页码 /页	排版方式（每行个数×行数）	印后切断次数 /次	折页 /次	上机纸规格	上机印刷纸尺寸 /mm	可选市售纸尺寸 /mm	成品展开长度 /mm
4	48	竖本	70×297	13折	横13竖2	26	1×2	横0竖1	12	对开	936×626	1000×1400M	910
				14折	横14竖2	28	1×2	横0竖1	13	对开	996×626	1000×1400M	980
				15折	横15竖2	30	1×2	横0竖1	14	1开	1076×626	787M×1092	1050
				16折	横16竖2	32	1×2	横0竖1	15	1开	1146×626	850M×1168	1120
				17折	横17竖2	34	1×2	横0竖1	16	1开	1216×626	880M×1230	1190
				18折	横18竖2	36	1×2	横0竖1	17	1开	1276×626	900M×1280	1260
				19折	横19竖3	38	1×3	横0竖2	18	1开	1356×929	1000M×1400	1330
5	24	方本	198×210	单张	横6竖4	2	6×4	横5竖3	0	1开	1234×884	890M×1240	198
				对折	横6竖4	4	3×4	横2竖3	1	1开	1226×884	890M×1240	396
				3折	横6竖4	6	2×4	横2竖3	2	1开	1220×884	890M×1240	594
				4折	横4竖3	8	1×3	横0竖2	3	对开	818×668	1000×1400M	792
				5折	横5竖4	10	1×4	横0竖3	4	1开	1016×884	890M×1240	990
				6折	横6竖4	12	1×4	横0竖3	5	1开	1214×884	890M×1240	1188
		方本	210×198	单张	横6竖4	2	6×4	横5竖3	0	1开	1316×836	1000M×1400	210

续表

序号	开本数 /开	开本形式	开本尺寸 /mm	折页方式形式	排版页数 (横×竖) /页	页码 /页	排版方式 (每行个数×行数)	印后切断次数 /次	折页 /次	上机规格	上机印刷纸尺寸 /mm	可选市售纸尺寸 /mm	成品展开长度 /mm
5	24	方本	210×198	对折	横6竖4	4	3×4	横2竖3	1	1开	1298×836	1000M×1400	420
				3折	横6竖4	6	2×4	横1竖3	2	1开	1292×836	1000M×1400	630
				4折	横4竖3	8	1×3	横0竖2	3	对开	866×632	900×1280M	840
				5折	横5竖3	10	1×3	横0竖2	4	1开	1076×632	787M×1092	1050
				6折	横6竖4	12	1×4	横0竖3	5	1开	1286×836	900M×1280	1260
		横本	198×140	单张	横6竖6	2	6×6	横5竖5	0	1开	1244×894	900M×1280	198
				对折	横6竖6	4	3×6	横2竖5	1	1开	1226×894	900M×1280	396
				3折	横6竖6	6	2×6	横1竖5	2	1开	1220×894	900M×1280	594
				4折	横4竖4	8	1×4	横0竖3	3	对开	818×604	880×1230M	792
				5折	横5竖5	10	1×5	横0竖5	4	1开	1016×750	787M×1092	990
				6折	横6竖6	12	1×6	横0竖5	5	1开	1214×894	900M×1280	1188
6	36	竖本	140×198	单张	横9竖4	2	9×4	横8竖3	0	1开	1334×836	1000M×1400	140
				对折	横8竖4	4	4×4	横3竖3	1	1开	1304×836	1000M×1400	280
				3折	横9竖4	6	3×4	横2竖3	2	1开	1298×836	1000M×1400	420

续表

序号	开本数 /开	开本形式	开本尺寸 /mm	折页装形式	排版页数（横×竖）/页	页码 /页	排版方式（每行个数×行数）	印后切断次数 /次	折页 /次	上机纸规格	上机印刷纸尺寸 /mm	可选市售纸尺寸 /mm	成品展开长度 /mm
6	36	竖本	140×198	4折	横8竖4	8	2×4	横1竖3	3	1开	1292×836	1000M×1400	560
				5折	横5竖3	10	1×3	横0竖2	4	对开	726×632	900×1280M	700
				6折	横6竖3	12	1×3	横0竖2	5	对开	866×632	900×1280M	840
				7折	横7竖3	14	1×3	横0竖2	6	对开	996×632	1000×1400M	980
				8折	横8竖4	16	1×4	横0竖3	7	1开	1146×836	850M×1168	1120
				9折	横9竖4	18	1×4	横0竖3	8	1开	1276×836	900M×1280	1260
7	48	横本	198×105	单张	横6竖7	2	6×7	横5竖6	0	1开	1234×797	890M×1240	198
				对折	横6竖7	4	3×7	横2竖6	1	1开	1224×797	880M×1230	396
				3折	横6竖7	6	2×7	横1竖6	2	1开	1220×797	880M×1230	594
				4折	横4竖5	8	1×5	横0竖4	3	对开	818×575	850×1168M	792
				5折	横5竖7	10	1×7	横0竖6	4	1开	1016×797	850M×1168	990
				6折	横6竖7	12	1×7	横0竖6	5	1开	1214×797	880M×1230	1188
		竖本	105×198	单张	横12竖4	2	12×4	横11竖3	0	1开	1352×836	1000M×1400	105
				对折	横12竖4	4	6×4	横5竖3	1	1开	1316×836	1000M×1400	210

续表

序号	开本数 /开	开本形式	开本尺寸 /mm	折页装形式	排版页数 (横×竖) /页	页码 /页	排版方式 (每行个数×行数)	印后切断次数 /次	折页 /次	上机纸规格	上机印刷纸尺寸 /mm	可选市售卷纸尺寸 /mm	成品展开长度 /mm
7	48	竖本	105×198	3折	横12竖4	6	4×4	横3竖3	2	1开	1304×836	1000M×1400	315
				4折	横12竖4	8	3×4	横2竖3	3	1开	1298×836	1000M×1400	420
				5折	横10竖4	10	2×4	横1竖3	4	1开	1082×836	850M×1168	525
				6折	横12竖4	12	2×4	横1竖3	5	1开	1292×836	1000M×1400	630
				7折	横7竖2	14	1×2	横0竖3	6	对开	761×428	787×1092M	735
				8折	横8竖3	16	1×3	横0竖2	7	对开	866×632	900×1280M	840
				9折	横9竖2	18	1×2	横0竖1	8	对开	971×632	1000×1400M	945
				10折	横10竖3	20	1×3	横0竖2	9	1开	1076×632	787M×1092	1050
				11折	横11竖4	22	1×4	横0竖3	10	1开	1181×836	889M×1194	1155
				12折	横12竖4	24	1×4	横0竖3	11	1开	1276×836	900M×1280	1260
				13折	横13竖4	26	1×4	横0竖3	12	1开	1391×836	1000M×1400	1365
8	72	横本	198×70	单张	横6竖11	2	6×11	横5竖10	0	1开	1234×856	890M×1240	198
				对折	横6竖11	4	3×11	横2竖10	1	1开	1224×856	880M×1230	396
				3折	横6竖11	6	2×11	横1竖10	2	1开	1220×856	880M×1230	594

续表

序号	开本数 /开	开本形式	开本尺寸 /mm	折页装形式	排版页数 (横×竖) /页	页码 /页	排版方式 (每行个数 × 行数)	印后切断次数 /次	折页 /次	上机纸规格	上机印刷纸尺寸 /mm	可选市售纸尺寸 /mm	成品展开长度 /mm
8	72	横本	198×70	4折	横4竖7	8	1×7	横0竖6	3	对开	818×552	850×1168M	792
				5折	横5竖11	10	1×11	横0竖10	4	1开	1016×856	880M×1230	990
				6折	横6竖11	12	1×11	横0竖10	5	1开	1214×856	880M×1230	1188
		竖本	70×198	单张	横18竖4	2	18×4	横17竖3	0	1开	1388×836	1000M×1400	70
				对折	横18竖4	4	9×4	横8竖3	1	1开	1334×836	1000M×1400	140
				3折	横18竖4	6	6×4	横5竖3	2	1开	1316×836	1000M×1400	210
				4折	横16竖4	8	4×4	横3竖3	3	1开	1304×836	1000M×1400	280
				5折	横15竖3	10	3×3	横2竖2	4	1开	1086×632	787M×1092	350
				6折	横18竖4	12	3×4	横2竖3	5	1开	1298×836	1000M×1400	420
				7折	横14竖3	14	2×3	横1竖2	6	1开	1012×632	787M×1092	490
				8折	横16竖4	16	2×4	横1竖3	7	1开	1152×820	850M×1168	560
				9折	横18竖4	18	2×4	横1竖3	8	1开	1292×820	1000M×1400	630
				10折	横10竖3	20	1×3	横0竖2	9	对开	726×632	900×1288M	700
				11折	横11竖3	22	1×3	横0竖2	10	对开	796×428	900×1288M	770

续表

序号 /开	开本数 /开	开本形式	开本尺寸 /mm	折页装形式	排版页数（横×竖）/页	页码 /页	排版方式（每行个数×行数）	印后切断次数 /次	折页 /次	上机纸规格	上机印刷纸尺寸 /mm	可选市售纸尺寸 /mm	成品展开长度 /mm
8	72	竖本	70×198	12折	横12竖3	24	1×3	横0竖2	11	对开	866×632	900×1280M	840
				13折	横13竖3	26	1×3	横0竖2	12	对开	936×632	1000×1400M	910
				14折	横14竖3	28	1×3	横0竖2	13	对开	996×632	1000×1400M	980
				15折	横15竖3	30	1×3	横0竖2	14	1开	1076×632	787M×1092	1050
				16折	横16竖4	32	1×4	横0竖3	15	1开	1146×836	850M×1168	1120
				17折	横17竖4	34	1×4	横0竖3	16	1开	1216×836	880M×1230	1190
				18折	横18竖4	36	1×4	横0竖3	17	1开	1276×836	900M×1280	1260
				19折	横19竖4	38	1×4	横0竖3	18	1开	1356×836	1000M×1400	1330
9	32	竖本	148×210	单张	横8竖4	2	8×4	横7竖3	0	1开	1252×884	900M×1280	148
				对折	横8竖4	4	4×4	横3竖3	1	1开	1228×884	890M×1240	296
				3折	横9竖4	6	3×4	横2竖3	2	1开	1370×884	1000M×1400	444
				4折	横8竖4	8	2×4	横1竖3	3	1开	1216×884	890M×1240	592
				5折	横5竖2	10	1×2	横0竖1	4	对开	766×452	787×1092M	740
				6折	横6竖3	12	1×3	横0竖2	5	对开	914×668	1000×1400M	888

续表

序号	开本数/开	开本形式	开本尺寸/mm	折页装形式	排版页数(横×竖)/页	页码/页	排版方式(每行个数×行数)	印后切断次数/次	折页/次	上机纸规格	上机印刷纸尺寸/mm	可选市售纸尺寸/mm	成品展开长度/mm
9	32	竖本	148×210	7折	横7竖3	14	1×3	横0竖2	6	1开	1062×668	787M×1092	1036
				8折	横8竖4	16	1×4	横0竖3	7	1开	1210×884	890M×1240	1184
				9折	横9竖4	18	1×4	横0竖3	8	1开	1394×884	1000M×1400	1332
		横本	210×148	单张	横6竖6	2	6×6	横5竖5	0	1开	1316×944	1000M×1400	210
				对折	横6竖6	4	3×6	横2竖5	1	1开	1298×944	1000M×1400	420
				3折	横6竖6	6	2×6	横1竖5	2	1开	1292×944	1000M×1400	630
				4折	横4竖4	8	1×4	横0竖3	3	对开	866×636	900×1280M	840
				5折	横5竖5	10	1×5	横0竖4	4	1开	1076×790	850M×1168	1050
				6折	横6竖6	12	1×6	横0竖5	5	1开	1286×944	1000M×1400	1260
10	48	方本	148×140	单张	横8竖6	2	8×6	横7竖5	0	1开	1252×894	900M×1280	148
				对折	横8竖6	4	4×6	横3竖5	1	1开	1228×894	900M×1280	296
				3折	横9竖6	6	3×6	横2竖5	2	1开	1370×896	1000M×1400	444
				4折	横8竖6	8	2×6	横1竖5	3	1开	1214×894	900M×1280	592
				5折	横5竖4	10	1×4	横0竖3	4	对开	766×604	880×1230M	740

续表

序号	开本数 /开	开本形式	开本尺寸 /mm	折页装形式	排版方式(横×竖) /页	页码 /页	排版方式(每行个数×行数)	印后切断次数 /次	折页 /次	上机规格	上机印刷纸尺寸 /mm	可选市售纸尺寸 /mm	成品展开长度 /mm
10	48	方本	148×140	6折	横6竖4	12	1×4	横0竖3	5	对开	914×604	1000×1400 M	888
				7折	横7竖5	14	1×5	横0竖4	6	1开	1062×750	787M×1092	1036
				8折	横8竖6	16	1×6	横0竖5	7	1开	1210×894	900M×1280	1184
				9折	横9竖6	18	1×6	横0竖5	8	1开	1358×894	1000M×1400	1332
		方本	140×148	单张	横9竖6	2	9×6	横0竖5	0	1开	1334×944	1000M×1400	140
				对折	横8竖6	4	4×6	横0竖5	1	1开	1304×944	1000M×1400	280
				3折	横9竖6	6	3×6	横0竖5	2	1开	1298×944	1000M×1400	420
				4折	横8竖6	8	2×6	横1竖5	3	1开	1292×944	1000M×1400	560
				5折	横5竖3	10	1×3	横0竖2	4	对开	726×482	787×1092M	700
				6折	横6竖4	12	1×4	横0竖3	5	对开	866×636	900×1280M	840
				7折	横7竖4	14	1×4	横0竖3	6	对开	996×636	1000×1400M	980
				8折	横8竖5	16	1×5	横0竖4	7	1开	1156×790	850M×1168	1120
				9折	横9竖6	18	1×6	横0竖5	8	1开	1286×944	1000M×1400	1260
		横本	148×105	单张	横8竖7	2	8×7	横7竖6	0	1开	1256×797	900M×1280	148

续表

序号	开本数/开	开本形式	开本尺寸/mm	折页装形式	排版页数(横×竖)/页	页码/页	排版方式(每行个数×行数)	印后切断次数/次	折页/次	上机纸规格	上机印刷纸尺寸/mm	可选市售纸尺寸/mm	成品展开长度/mm
11	64	横本	148×105	对折	横8竖7	4	4×7	横3竖6	1	1开	1224×797	880M×1230	296
				3折	横9竖8	6	3×8	横2竖7	2	1开	1370×908	1000M×1400	444
				4折	横8竖7	8	2×7	横1竖6	3	1开	1252×797	900M×1280	592
				5折	横5竖5	10	1×5	横0竖4	4	对开	766×575	850×1168M	740
				6折	横6竖6	12	1×6	横0竖5	5	对开	914×686	1000×1400M	888
				7折	横7竖6	14	1×6	横0竖5	6	1开	1062×686	787M×1092	1036
				8折	横8竖7	16	1×7	横0竖6	7	1开	1210×797	880M×1230	1184
				9折	横9竖8	18	1×8	横0竖7	8	1开	1358×908	1000M×1400	1332
		竖本	105×148	单张	横12竖6	2	12×6	横11竖5	0	1开	1352×944	1000M×1400	105
				对折	横12竖6	4	6×6	横5竖5	1	1开	1316×944	1000M×1400	210
				3折	横12竖6	6	4×6	横3竖5	2	1开	1304×944	1000M×1400	315
				4折	横12竖6	8	3×6	横2竖5	3	1开	1298×944	1000M×1400	420
				5折	横10竖4	10	2×4	横1竖3	4	1开	1072×636	787M×1092	525
				6折	横12竖6	12	2×6	横1竖5	5	1开	1292×944	1000M×1400	630

续表

序号	开本数 /开	开本形式	开本尺寸 /mm	折页装形式	排版页数（横×竖） /页	页码 /页	排版方式（每行个数×行数）	印后切断次数 /次	折页 /次	上机纸规格	上机印刷纸尺寸 /mm	可选市售纸尺寸 /mm	成品展开长度 /mm
11	64	竖本	105×148	7折	横7竖3	14	1×3	横0竖2	6	对开	761×482	787×1092M	735
				8折	横8竖4	16	1×4	横0竖3	7	对开	866×636	900×1280M	840
				9折	横9竖4	18	1×4	横0竖3	8	对开	971×636	1000×1400M	945
				10折	横10竖4	20	1×4	横0竖3	9	1开	1076×636	787M×1092	1050
				11折	横11竖5	22	1×5	横0竖4	10	1开	1181×790	889M×1194	1155
				12折	横12竖6	24	1×6	横0竖5	11	1开	1286×944	1000M×1400	1260
				13折	横12竖6	26	1×6	横0竖5	12	1开	1391×944	1000M×1400	1365
12	96	横本	148×70	单张	横8竖12	2	8×12	横7竖11	0	1开	1252×932	1000M×1400	148
				对折	横8竖11	4	4×11	横0竖10	1	1开	1232×856	890M×1240	296
				3折	横9竖11	6	3×11	横2竖10	2	1开	1224×856	880M×1230	444
				4折	横8竖11	8	2×11	横1竖10	3	1开	1220×856	880M×1230	592
				5折	横5竖7	10	1×7	横0竖6	4	对开	766×552	850×1168M	740
				6折	横6竖8	12	1×8	横0竖7	5	对开	914×628	1000×1400M	888
				7折	横7竖10	14	1×10	横0竖9	6	1开	1062×780	787M×1092	1036

续表

序号	开本数/开	开本形式	开本尺寸/mm	折页装形式	排版页数(横×竖)/页	页码/页	排版方式(每行个数×行数)	印后切断次数/次	折页/次	上机纸规格	上机印刷纸尺寸/mm	可选市售纸尺寸/mm	成品展开长度/mm
12	96	横本	148×70	8折	横8竖11	16	1×11	横0竖10	7	1开	1210×856	880M×1230	1184
				9折	横9竖11	18	1×11	横0竖10	8	1开	1358×932	1000M×1400	1332
		竖本	70×148	单张	横18竖6	2	18×6	横17竖5	0	1开	1388×944	1000M×1400	70
				对折	横18竖6	4	9×6	横8竖5	1	1开	1334×944	1000M×1400	140
				3折	横18竖6	6	6×6	横5竖5	2	1开	1304×944	1000M×1400	210
				4折	横16竖6	8	4×6	横3竖5	3	1开	1296×944	1000M×1400	280
				5折	横15竖5	10	3×5	横2竖4	4	1开	1088×790	850M×1168	350
				6折	横18竖6	12	3×6	横2竖5	5	1开	1298×944	1000M×1400	420
				7折	横14竖5	14	2×5	横1竖4	6	1开	1012×790	850M×1168	490
				8折	横16竖5	16	2×5	横1竖5	7	1开	1152×790	850M×1168	560
				9折	横18竖6	18	2×6	横1竖5	8	1开	1292×944	1000M×1400	630
				10折	横10竖3	20	1×3	横0竖2	9	对开	726×482	787×1092M	700
				11折	横11竖3	22	1×3	横0竖2	10	对开	796×482	850×1168M	770
				12折	横12竖4	24	1×4	横0竖3	11	对开	866×636	900×1280M	840

续表

序号	开本数 /开	开本形式	开本尺寸 /mm	折页装形式	排版页数（横×竖）/页	页码 /页	排版方式（每行个数×行数）	印后切断次数 /次	折页 /次	上机纸规格	上机印刷纸尺寸 /mm	可选市售纸尺寸 /mm	成品展开长度 /mm
12	96	竖本	70×148	13折	横13竖4	26	1×4	横0竖3	12	对开	936×636	1000×1400M	910
				14折	横14竖4	28	1×4	横0竖3	13	对开	996×636	1000×1400M	980
				15折	横15竖5	30	1×5	横0竖4	14	1开	1076×790	850M×1168	1050
				16折	横16竖5	32	1×5	横0竖4	15	1开	1146×790	850M×1168	1120
				17折	横17竖5	34	1×5	横0竖4	16	1开	1216×790	880M×1230	1190
				18折	横18竖5	36	1×5	横0竖4	17	1开	1276×790	900M×1280	1260
				19折	横19竖6	38	1×6	横0竖5	18	1开	1356×944	1000M×1400	1330
13	48	竖本	99×210	单张	横13竖4	2	13×4	横12竖3	0	1开	1385×884	1000M×1400	99
				对折	横12竖4	4	6×4	横5竖3	1	1开	1234×884	890M×1240	198
				3折	横12竖4	6	4×4	横3竖3	2	1开	1232×884	890M×1240	297
				4折	横12竖4	8	3×4	横2竖3	3	1开	1228×884	890M×1240	396
				5折	横10竖3	10	2×3	横1竖2	4	1开	1022×668	787M×1092	495
				6折	横12竖4	12	2×4	横1竖3	5	1开	1220×884	890M×1240	594
				7折	横7竖2	14	1×2	横0竖1	6	对开	719×452	787×1092M	693

续表

序号	开本数 /开	开本形式	开本尺寸 /mm	折页装形式	排版页数 (横×竖) /页	页码 /页	排版方式 (每行个数×行数)	印后切断次数 /次	折页 /次	上机纸规格	上机印刷纸尺寸 /mm	可选市售纸尺寸 /mm	成品展开长度 /mm
13	48	竖本	99×210	8折	横8竖3	16	1×3	横0竖2	7	对开	818×668	1000×1400M	792
				9折	横9竖3	18	1×3	横0竖2	8	对开	917×668	1000×1400M	891
				10折	横10竖4	20	1×4	横0竖3	9	1开	1016×882	889M×1194	990
				11折	横11竖4	22	1×4	横0竖3	10	1开	1089×882	889M×1194	1089
				12折	横12竖4	24	1×4	横0竖3	11	1开	1214×884	890M×1240	1188
				13折	横13竖4	26	1×4	横0竖3	12	1开	1313×884	1000M×1400	1287
		横本	210×99	单张	横6竖9	2	6×9	横5竖8	0	1开	1316×965	1000M×1400	210
				对折	横6竖9	4	3×9	横2竖9	1	1开	1298×965	1000M×1400	420
				3折	横6竖9	6	2×9	横1竖9	2	1开	1292×965	1000M×1400	630
				4折	横4竖5	8	1×5	横0竖4	3	对开	866×545	889×1194M	840
				5折	横5竖7	10	1×7	横0竖6	4	1开	1076×755	787M×1092	1050
				6折	横6竖9	12	1×9	横0竖8	5	1开	1286×965	1000M×1400	1260
14	72	竖本	99×140	单张	横13竖6	2	13×6	横12竖5	0	1开	1385×896	1000M×1400	99
				对折	横12竖6	4	6×6	横5竖5	1	1开	1244×894	900M×1280	198

续表

序号	开本数 /开	开本形式	开本尺寸 /mm	折页装形式	排版页数（横×竖）/页	页码 /页	排版方式（每行个数×行数）	印后切断次数 /次	折页 /次	上机规格	上机印刷纸尺寸 /mm	可选市售纸尺寸 /mm	成品展开长度 /mm
14	72	竖本	99×140	3折	横12竖6	6	4×6	横3竖5	2	1开	1234×894	900M×1280	297
				4折	横12竖6	8	3×6	横2竖5	3	1开	1226×894	900M×1280	396
				5折	横10竖5	10	2×5	横1竖4	4	1开	1022×750	787M×1092	495
				6折	横12竖6	12	2×6	横1竖5	5	1开	1220×894	900M×1280	594
				7折	横7竖4	14	1×4	横0竖3	6	对开	719×604	880×1230M	693
				8折	横8竖4	16	1×4	横0竖3	7	对开	818×604	880×1230M	792
				9折	横9竖4	18	1×4	横0竖3	8	对开	917×604	1000×1400M	891
				10折	横10竖5	20	1×5	横0竖4	9	1开	1016×750	787M×1092	990
				11折	横11竖5	22	1×5	横0竖4	10	1开	1115×750	850M×1168	1089
				12折	横12竖6	24	1×6	横0竖5	11	1开	1214×894	900M×1280	1188
				13折	横13竖6	26	1×6	横0竖5	12	1开	1313×896	1000M×1400	1287
		横本	140×99	单张	横9竖9	2	9×9	横8竖8	0	1开	1334×965	1000M×1400	140
				对折	横8竖9	4	4×9	横3竖8	1	1开	1304×965	1000M×1400	280
				3折	横9竖9	6	3×9	横2竖8	2	1开	1298×965	1000M×1400	420

续表

序号	开本数 /开	开本形式	开本尺寸 /mm	折页装形式	排版页数 (横×竖) /页	页码 /页	排版方式 (每行个数×行数)	印后切断次数 /次	折页 /次	上机纸规格	上机印刷纸尺寸 /mm	可选市售纸尺寸 /mm	成品展开长度 /mm
14	72	横本	140×99	4折	横8竖9	8	2×9	横1竖8	3	1开	1292×965	1000M×1400	560
				5折	横5竖5	10	1×5	横0竖4	4	对开	726×543	787×1092M	700
				6折	横6竖5	12	1×5	横0竖4	5	对开	866×545	880×1230M	840
				7折	横7竖6	14	1×6	横0竖5	6	对开	996×650	1000×1400M	980
				8折	横8竖8	16	1×8	横0竖7	7	1开	1146×860	889M×1194	1120
				9折	横9竖8	18	1×8	横0竖7	8	1开	1276×860	900×1280M	1260
15	96	方本	99×105	单张	横13竖8	2	13×8	横12竖7	0	1开	1385×908	1000M×1400	99
				对折	横12竖7	4	6×7	横5竖6	1	1开	1234×797	890M×1240	198
				3折	横12竖7	6	4×7	横3竖6	2	1开	1232×797	890M×1240	297
				4折	横12竖7	8	3×7	横2竖6	3	1开	1224×797	880M×1230	396
				5折	横10竖7	10	2×7	横1竖6	4	1开	1022×797	850M×1168	495
				6折	横12竖7	12	2×7	横1竖6	5	1开	1220×797	880M×1230	594
				7折	横7竖4	14	1×3	横0竖3	6	对开	719×464	787×1092M	693
				8折	横8竖5	16	1×5	横0竖4	7	对开	818×575	850×1168M	792

续表

序号	开本数 /开	开本形式	开本尺寸 /mm	折页装形式	排版页数（横×竖）/页	页码 /页	排版方式（每行个数×行数）	印后切断次数 /次	折页 /次	上机纸规格	上机印刷纸尺寸 /mm	可选市售纸尺寸 /mm	成品展开长度 /mm
15	96	方本	99×105	9折	横9竖6	18	1×6	横0竖5	8	对开	917×686	1000×1400M	891
				10折	横10竖6	20	1×6	横0竖5	9	1开	1016×686	787M×1092	990
				11折	横11竖7	22	1×7	横0竖6	10	1开	1115×797	850M×1168	1089
				12折	横12竖7	24	1×7	横0竖6	11	1开	1214×797	880M×1230	1188
				13折	横13竖8	26	1×8	横0竖7	12	1开	1313×908	1000M×1400	1287
		方本	105×99	单张	横12竖9	2	12×9	横11竖8	0	1开	1352×965	1000M×1400	105
				对折	横12竖9	4	6×9	横5竖8	1	1开	1316×965	1000M×1400	210
				3折	横12竖9	6	4×9	横3竖8	2	1开	1304×965	1000M×1400	315
				4折	横12竖9	8	3×9	横2竖8	3	1开	1298×965	1000M×1400	420
				5折	横10竖7	10	2×7	横1竖6	4	1开	1082×757	787M×1092	525
				6折	横12竖9	12	2×9	横1竖8	5	1开	1292×965	1000M×1400	630
				7折	横7竖5	14	1×5	横0竖4	6	对开	761×543	787×1092M	735
				8折	横8竖6	16	1×6	横0竖5	7	对开	866×545	889×1194M	840
				9折	横9竖6	18	1×9	横0竖8	8	对开	971×650	1000×1400M	945

续表

序号	开本数 /开	开本形式	开本尺寸 /mm	折页装形式	排版页数（横×竖）/页	页码 /页	排版方式（每行个数×行数）	印后切断次数 /次	折页 /次	上机纸规格	上机印刷纸尺寸 /mm	可选市售纸尺寸 /mm	成品展开长度 /mm
15	96	方本	105×99	10折	横10竖7	20	1×7	横0竖6	9	1开	1076×755	787M×1092	1050
				11折	横11竖8	22	1×8	横0竖7	10	1开	1181×860	889M×1194	1155
				12折	横12竖9	24	1×9	横0竖8	11	1开	1276×860	900M×1280	1260
				13折	横13竖9	26	1×9	横0竖8	12	1开	1391×965	1000M×1400	1365
16	144	横本	99×70	单张	横13竖12	2	13×12	横12竖11	0	1开	1385×932	1000M×1400	99
				对折	横12竖11	4	6×11	横5竖10	1	1开	1234×856	890M×1240	198
				3折	横12竖11	6	4×11	横3竖10	2	1开	1232×856	890M×1240	297
				4折	横12竖11	8	3×11	横2竖10	3	1开	1226×856	890M×1240	396
				5折	横10竖10	10	2×10	横1竖9	4	1开	1022×780	787M×1092	495
				6折	横12竖11	12	2×11	横1竖10	5	1开	1220×856	880M×1230	594
				7折	横7竖7	14	1×7	横0竖6	6	对开	719×552	850×1168M	693
				8折	横8竖7	16	1×7	横0竖6	7	对开	818×552	850×1168M	792
				9折	横9竖10	18	1×10	横0竖9	8	1开	917×780	787M×1092	891
				10折	横10竖10	20	1×10	横0竖9	9	1开	1016×780	787M×1092	990

续表

序号	开本数 /开	开本形式	开本尺寸 /mm	折页装形式	排版页数 (横×竖) /页	页码 /页	排版方式 (每行个数×行数)	印后切断次数 /次	折页 /次	上机规格	上机印刷纸尺寸 /mm	可选市售纸尺寸 /mm	成品展开长度 /mm
16	144	横本	99×70	11折	横11竖11	22	1×11	横0竖10	10	1开	1115×856	880M×1230	1089
				12折	横12竖11	24	1×11	横0竖10	11	1开	1214×856	880M×1230	
				13折	横13竖12	26	1×12	横0竖11	12	1开	1313×932	1000M×1400	1287
		竖本	70×99	单张	横18竖9	2	18×9	横17竖8	0	1开	1388×965	1000M×1400	70
				对折	横18竖9	4	9×9	横8竖8	1	1开	1334×965	1000M×1400	140
				3折	横18竖9	6	6×9	横5竖8	2	1开	1316×965	1000M×1400	210
				4折	横16竖9	8	4×9	横3竖8	3	1开	1304×965	1000M×1400	280
				5折	横15竖7	10	3×7	横2竖6	4	1开	1088×755	787M×1092	350
				6折	横18竖9	12	3×9	横2竖8	5	1开	1298×965	1000M×1400	420
				7折	横14竖8	14	2×8	横1竖7	6	1开	1012×860	889M×1194	490
				8折	横16竖8	16	2×8	横1竖7	7	1开	1152×860	889M×1194	560
				9折	横18竖9	18	2×9	横1竖8	8	1开	1292×965	1000M×1400	630
				10折	横10竖5	20	1×5	横0竖4	9	对开	726×543	787×1092M	700
				11折	横11竖5	22	1×5	横0竖4	10	对开	796×545	850×1168M	770

续表

序号	开本数 /开	开本形式	开本尺寸 /mm	折页装形式	排版页数（横×竖）/1页	页码 /1页	排版方式（每行个数×行数）	印后切断次数 /1次	折页 /1次	上机规格	上机印刷纸尺寸 /mm	可选市售纸尺寸 /mm	成品展开长度 /mm
16	144	竖本	70×99	12折	横12竖5	24	1×5	横0竖4	11	对开	866×545	889×1194M	840
				13折	横13竖6	26	1×6	横0竖5	12	对开	936×650	1000×1400M	910
				14折	横14竖6	28	1×6	横0竖5	13	对开	996×650	1000×1400M	980
				15折	横15竖7	30	1×7	横0竖6	14	1开	1076×757	787M×1092	1050
				16折	横16竖7	32	1×7	横0竖6	15	1开	1146×757	850M×1168	1120
				17折	横17竖8	34	1×8	横0竖7	16	1开	1216×860	880M×1230	1190
				18折	横18竖9	36	1×9	横0竖8	17	1开	1286×965	1000M×1400	1260
				19折	横19竖9	38	1×9	横0竖8	18	1开	1356×965	1000M×1400	1330
17	*64*	*竖本*	*74×210*	*单张*	*横17竖4*	*2*	*17×4*	*横16竖3*	*0*	*1开*	*1380×884*	*1000M×1400*	*74*
				对折	*横18竖4*	*4*	*9×4*	*横17竖3*	*1*	*1开*	*1396×884*	*1000M×1400*	*148*
				3折	*横18竖4*	*6*	*6×4*	*横5竖3*	*2*	*1开*	*1388×884*	*1000M×1400*	*222*
				4折	*横16竖4*	*8*	*4×4*	*横3竖3*	*3*	*1开*	*1228×884*	*890M×1240*	*296*
				5折	*横15竖4*	*10*	*3×4*	*横2竖3*	*4*	*1开*	*1148×882*	*889M×1194*	*370*
				6折	*横18竖4*	*12*	*3×4*	*横2竖3*	*5*	*1开*	*1370×884*	*1000M×1400*	*444*

续表

序号	开本数 /开	开本形式	开本尺寸 /mm	折页装形式	排版页数（横×竖）/页	页码 /页	排版方式（每行个数×行数）	印后切断次数 /次	折页 /次	上机纸规格	上机印刷纸尺寸 /mm	可选市售纸尺寸 /mm	成品展开长度 /mm
17	64	竖本	74×210	7折	横14竖4	14	2×4	横1竖3	6	1开	1068×882	889M×1194	518
				8折	横16竖4	16	2×4	横1竖3	7	1开	1216×884	890M×1240	592
				9折	横18竖4	18	2×4	横1竖3	8	1开	1364×884	1000M×1400	666
				10折	横10竖2	20	1×2	横0竖1	9	对开	766×452	787×1092M	740
				11折	横11竖3	22	1×3	横0竖2	10	对开	840×668	1000×1400M	814
				12折	横12竖3	24	1×3	横0竖2	11	对开	914×668	1000×1400M	888
				13折	横13竖3	26	1×3	横0竖2	12	对开	988×668	1000×1400M	962
				14折	横14竖3	28	1×3	横0竖2	13	1开	1062×668	787M×1092	1036
				15折	横15竖4	30	1×4	横0竖3	14	1开	1136×882	889M×1194	1110
				16折	横16竖4	32	1×4	横0竖3	15	1开	1210×884	890M×1240	1184
				17折	横17竖4	34	1×4	横0竖3	16	1开	1234×884	890M×1240	1258
				18折	横18竖4	36	1×4	横0竖3	17	1开	1358×884	1000M×1400	1332
		横本	210×74	单张	横6竖12	2	6×12	横5竖11	0	1开	1316×980	1000M×1400	210
				对折	横6竖12	4	3×12	横2竖11	1	1开	1298×980	1000M×1400	420

续表

序号	开本数/开	开本形式	开本尺寸/mm	折页装形式	排版页数(横×竖)/页	页码/页	排版方式(每行个数×行数)	印后切断次数/次	折页/次	上机纸规格	上机印刷纸尺寸/mm	可选市售纸尺寸/mm	成品展开长度/mm
17	64	横本	210×74	3折	横6竖12	6	2×12	横1竖11	2	1开	1202×980	1000M×1400	630
				4折	横4竖7	8	1×7	横0竖6	3	对开	866×580	889×1194M	840
				5折	横5竖9	10	1×9	横0竖8	4	1开	1076×740	787M×1092	1050
				6折	横6竖12	12	1×12	横0竖11	5	1开	1286×980	1000M×1400	1260
18	96	竖本	74×140	单张	横17竖6	2	17×6	横16竖5	0	1开	1380×896	1000M×1400	74
				对折	横18竖6	4	9×6	横17竖6	1	1开	1394×896	1000M×1400	148
				3折	横18竖6	6	6×6	横5竖5	2	1开	1240×894	900M×1280	222
				4折	横16竖6	8	4×6	横3竖5	3	1开	1228×896	900M×1280	296
				5折	横15竖5	10	3×5	横2竖4	4	1开	1148×750	850M×1168	370
				6折	横18竖6	12	3×6	横2竖5	5	1开	1370×896	1000M×1400	444
				7折	横14竖5	14	2×5	横1竖4	6	1开	1068×750	787M×1092	518
				8折	横16竖6	16	2×6	横1竖5	7	1开	1216×894	900M×1280	592
				9折	横18竖6	18	2×6	横1竖5	8	1开	1332×896	1000M×1400	666
				10折	横10竖4	20	1×4	横0竖3	9	对开	766×604	880×1230M	740

续表

序号	开本数 /开	开本形式	开本尺寸 /mm	折页装形式	排版页数 (横×竖)/页	页码 /页	排版方式 (每行个数×行数)	印后切断次数 /次	折页 /次	上机纸规格	上机印刷纸尺寸 /mm	可选市售纸尺寸 /mm	成品展开长度 开长度 /mm
18	96	竖本	74×140	11折	横11竖4	22	1×4	横0竖3	10	对开	840×604	880×1230M	814
				12折	横12竖4	24	1×4	横0竖3	11	对开	914×604	1000×1400M	888
				13折	横13竖4	26	1×4	横0竖3	12	对开	988×604	1000×1400M	962
				14折	横14竖5	28	1×5	横0竖4	13	1开	1062×750	787M×1092	1036
				15折	横15竖6	30	1×6	横0竖5	14	1开	1136×894	900M×1280	1110
				16折	横16竖5	32	1×5	横0竖5	15	1开	1210×750	880M×1230	1184
				17折	横17竖6	34	1×6	横0竖5	16	1开	1274×894	900M×1280	1258
				18折	横18竖6	36	1×6	横0竖5	17	1开	1358×896	1000M×1400	1332
		横本	140×74	单张	横9竖12	2	9×12	横8竖11	0	1开	1334×980	1000M×1400	140
				对折	横8竖12	4	4×12	横3竖11	1	1开	1304×980	1000M×1400	280
				3折	横9竖12	6	3×12	横2竖11	2	1开	1298×980	1000M×1400	420
				4折	横8竖12	8	2×12	横1竖11	3	1开	1292×980	1000M×1400	560
				5折	横5竖7	10	1×7	横0竖6	4	对开	726×580	850×1168M	700
				6折	横6竖7	12	1×7	横0竖6	5	对开	866×580	889×1194M	840

续表

序号	开本数/开	开本形式	开本尺寸/mm	折页装形式	排版页数（横×竖）/页	页码/页	排版方式（每行个数×行数）	印后切断次数/次	折页/次	上机纸规格	上机印刷纸尺寸/mm	可选市售纸尺寸/mm	成品展开长度/mm
18	96	横本	140×74	7折	横7竖8	14	1×8	横0竖7	6	对开	994×660	1000×1400M	980
				8折	横8竖10	16	1×10	横0竖9	7	1开	1146×820	850M×1168	1120
				9折	横9竖12	18	1×12	横0竖11	8	1开	1286×980	1000M×1400	1260
19	128	竖本	74×105	单张	横17竖8	2	17×8	横16竖7	0	1开	1386×884	1000M×1400	74
				对折	横18竖8	4	9×8	横17竖7	1	1开	1396×884	1000M×1400	148
				3折	横18竖8	6	6×8	横5竖7	2	1开	1388×884	1000M×1400	222
				4折	横16竖8	8	4×8	横3竖7	3	1开	1228×884	890M×1240	296
				5折	横15竖8	10	3×8	横2竖7	4	1开	1148×884	889M×1194	370
				6折	横18竖8	12	3×8	横2竖7	5	1开	1370×884	1000M×1400	444
				7折	横14竖7	14	2×7	横1竖6	6	1开	1068×797	850M×1168	518
				8折	横16竖7	16	2×7	横1竖6	7	1开	1216×797	880M×1230	592
				9折	横18竖8	18	2×8	横1竖7	8	1开	1364×908	1000M×1400	666
				10折	横10竖4	20	1×4	横0竖3	9	对开	766×464	787×1092M	740
				11折	横11竖5	22	1×5	横0竖4	10	对开	840×575	850×1168M	814

续表

序号 /开	开本数 /开	开本形式	开本尺寸 /mm	折页装形式	排版页数 (横×竖) /页	页码 /页	排版方式 (每行个数 ×行数)	印后切断次数 /次	折页 /次	上机纸规格	上机印刷纸尺寸 /mm	可选市售纸尺寸 /mm	成品展开长度开长度 /mm
		竖本	74×105	12折	横12竖6	24	1×6	横0竖5	11	对开	914×686	1000×1400M	888
				13折	横13竖6	26	1×6	横0竖5	12	对开	988×686	1000×1400M	962
				14折	横14竖6	28	1×6	横0竖5	13	1开	1062×686	787M×1092	1036
				15折	横15竖7	30	1×7	横0竖6	14	1开	1136×797	850M×1168	1110
				16折	横16竖7	32	1×7	横0竖6	15	1开	1210×797	880M×1230	1110
				17折	横17竖7	34	1×7	横0竖6	16	1开	1274×797	900M×1280	1184
				18折	横18竖8	36	1×8	横0竖7	17	1开	1358×908	1000M×1400	1332
19	128	横本	105×74	单张	横12竖12	2	12×12	横11竖11	0	1开	1352×980	1000M×1400	105
				对折	横12竖12	4	6×12	横5竖11	1	1开	1316×980	1000M×1400	210
				3折	横12竖12	6	4×12	横3竖11	2	1开	1304×980	1000M×1400	315
				4折	横12竖12	8	3×12	横2竖11	3	1开	1298×980	1000M×1400	420
				5折	横10竖9	10	2×9	横1竖8	4	1开	1082×740	787M×1092	525
				6折	横12竖12	12	2×12	横1竖11	5	1开	1292×980	1000M×1400	630
				7折	横7竖6	14	1×6	横0竖5	6	对开	761×500	787×1092M	735

续表

序号	开本数 /开	开本形式	开本尺寸 /mm	折页装形式	排版页数（横×竖）/页	页码 /页	排版方式（每行个数×行数）	印后切断次数（横×竖）/次	折页 /次	上机纸规格	上机印刷纸尺寸 /mm	可选市售纸尺寸 /mm	成品展开宽度 /mm	成品展开长度 /mm
19	128	横本	105×74	8折	横8竖7	16	1×7	横0竖6	7	对开	866×580	889×1194M		840
				9折	横9竖8	18	1×8	横0竖7	8	对开	971×660	1000×1400M		945
				10折	横10竖9	20	1×9	横0竖8	9	1开	1076×740	787M×1092		1050
				11折	横11竖10	22	1×10	横0竖9	10	1开	1181×820	889M×1194		1155
				12折	横12竖11	24	1×11	横0竖10	11	1开	1286×896	1000M×1400		1260
				13折	横13竖12	26	1×12	横0竖11	12	1开	1391×980	1000M×1400		1365
20	192	方本	74×70	单张	横17竖12	2	17×12	横16竖11	0	1开	1380×932	1000M×1400		74
				对折	横18竖12	4	9×12	横8竖11	1	1开	1332×932	1000M×1400		148
				3折	横18竖11	6	6×11	横5竖10	2	1开	1234×856	890M×1240		222
				4折	横16竖11	8	4×11	横3竖10	3	1开	1224×856	880M×1230		296
				5折	横15竖11	10	3×11	横2竖10	4	1开	1148×856	889M×1194		370
				6折	横18竖11	12	3×11	横2竖10	5	1开	1222×856	880M×1230		444
				7折	横14竖10	14	2×10	横1竖9	6	1开	1068×780	787M×1092		518
				8折	横16竖11	16	2×11	横1竖10	7	1开	1216×856	880M×1230		592

续表

序号 /开	开本数 /开	开本形式	开本尺寸 /mm	折页装形式	排版页数（横×竖）/页	页码 /页	排版方式（每行个数×行数）	印后切断次数 /次	折页 /次	上机纸规格	上机印刷纸尺寸 /mm	可选市售纸尺寸 /mm	成品展开长度 /mm
20	192	方本	74×70	9折	横18竖12	18	2×12	横1竖11	8	1开	1364×932	1000M×1400	666
				10折	横10竖7	20	1×7	横0竖6	9	对开	766×552	850×1168M	740
				11折	横11竖8	22	1×8	横0竖7	10	对开	840×552	850×1168M	814
				12折	横12竖9	24	1×9	横0竖8	11	对开	914×698	1000×1400M	888
				13折	横13竖9	26	1×9	横0竖8	12	对开	988×698	1000×1400M	962
				14折	横14竖10	28	1×10	横0竖9	13	1开	1062×780	787M×1092	1036
				15折	横15竖10	30	1×10	横0竖9	14	1开	1136×780	850M×1168	1110
				16折	横16竖11	32	1×11	横0竖10	15	1开	1210×856	880M×1230	1110
				17折	横17竖11	34	1×11	横0竖10	16	1开	1274×856	900M×1280	1184
				18折	横18竖12	36	1×12	横0竖11	17	1开	1358×932	1000M×1400	1258
		方本	70×74	单张	横18竖12	2	18×12	横17竖11	0	1开	1388×980	1000M×1400	70
				对折	横18竖12	4	9×12	横8竖11	1	1开	1334×980	1000M×1400	140
				3折	横18竖12	6	6×12	横5竖11	2	1开	1316×980	1000M×1400	210
				4折	横16竖12	8	4×12	横3竖11	3	1开	1304×980	1000M×1400	280

续表

序号	开本数/开	开本形式	开本尺寸/mm	折页装形式	排版页数(横×竖)	页码/页	排版方式(每行个数×行数)	印后切断次数/次	折页/次	上机纸规格	上机印刷纸尺寸/mm	可选市售纸尺寸/mm	成品展开长度/mm
20	192	方本	70×74	5折	横15竖9	10	3×9	横2竖8	4	1开	1088×740	787M×1092	350
				6折	横18竖12	12	3×12	横2竖11	5	1开	1298×980	1000M×1400	420
				7折	横14竖10	14	2×10	横1竖9	6	1开	1012×820	850M×1168	490
				8折	横16竖10	16	2×10	横1竖9	7	1开	1152×820	850M×1168	560
				9折	横18竖12	18	2×12	横1竖11	8	1开	1292×980	1000M×1400	630
				10折	横10竖6	20	1×6	横0竖5	9	对开	726×500	787×1092M	700
				11折	横11竖7	22	1×7	横0竖6	10	对开	796×580	850×1168M	770
				12折	横12竖7	24	1×7	横0竖6	11	对开	866×580	889×1194M	840
				13折	横13竖8	26	1×8	横0竖7	12	对开	936×660	1000×1400M	910
				14折	横14竖8	28	1×8	横0竖7	13	对开	996×660	1000×1400M	980
				15折	横15竖9	30	1×9	横0竖8	14	1开	1076×740	787M×1092	1050
				16折	横16竖10	32	1×10	横0竖9	15	1开	1146×820	850M×1168	1120
				17折	横17竖10	34	1×10	横0竖9	16	1开	1216×820	880M×1230	1190
				18折	横18竖11	36	1×11	横0竖10	17	1开	1286×900	1000M×1400	1260

续表

序号 /开	开本数 /开	开本形式	开本尺寸 /mm	折页装形式	排版页数（横×竖）/页	页码 /页	排版方式（每行个数×行数）	印后切断次数 /次	折页 /次	上机纸规格	上机印刷纸尺寸 /mm	可选市售纸尺寸 /mm	成品展开长度 /mm
20	192	方本	70×74	19折	横19竖12	38	1×12	横0竖11	18	1开	1356×980	1000M×1400	1330

注：成品展开长度是指折页装成品展开后的长度；印后切断次数，不论使用哪种规格的印刷机印刷，都会产生印刷后成品的裁切工序，裁切次数的多少，涉及生产成本多少；大宗用纸可按上机印刷纸规格横竖各加6mm向造纸厂专项订货；斜体字为非书刊开本数及开本尺寸。

附录2 对开机印刷国际标准开本尺寸折页装数据表（以高度210或297为基础衍生的开本尺寸）

序号	开本数/开	开本形式	开本尺寸/mm	折页装形式	排版页数（横×竖）/页	页码/页	排版方式（每行个数×行数）	印后切断次数/次	折页/次	上机纸规格	上机印刷纸尺寸/mm	可选市售纸尺寸/mm	成品展开长度/mm
1	16	横本	297×210	单张	横3竖3	2	3×3	横2竖2	0	对开	929×668	1000×1400M	297
				对折	横2竖2	4	2×2	横0竖1	1	四开	620×448	900M×1280	594
				3折	横3竖3	6	1×3	横0竖2	2	对开	917×668	1000×1400M	891
		竖本	210×297	单张	横4竖2	2	4×2	横3竖1	0	对开	884×626	900×1280M	210
				对折	横4竖2	4	2×2	横1竖1	1	对开	872×626	900×1280M	420
				3折	横4竖2	6	1×2	横0竖1	2	对开	656×626	900×1280M	630
				4折	横4竖2	8	1×2	横0竖1	3	对开	866×626	900×1280M	840
2	24	横本	297×140	单张	横6竖2	2	3×4	横2竖3	0	对开	929×604	1000×1400M	297
				对折	横2竖3	4	1×3	横0竖2	1	四开	620×458	1000M×1400	594
				3折	横3竖4	6	1×4	横0竖3	2	对开	917×604	1000×1400M	891
		竖本	140×297	单张	横6竖2	2	6×2	横5竖1	0	对开	896×626	900×1280M	140
				对折	横6竖2	4	3×2	横2竖1	1	对开	878×626	900×1280M	280
				3折	横6竖2	6	2×2	横1竖1	2	对开	872×626	900×1280M	420
				4折	横4竖1	8	1×1	横0竖0	3	四开	580×323	850M×1168	560

续表

序号	开本数 /开	开本形式	开本尺寸 /mm	折页装形式	排版页数 (横×竖)/页	页码 /页	排版方式 (每行个数×行数)	印后切断次数 /次	折页 /次	上机纸规格	上机印刷纸尺寸 /mm	可选市售纸尺寸 /mm	成品展开长度 /mm
2	24	竖本	140×297	5折	横5竖2	10	1×2	横0竖1	4	对开	726×626	900×1280M	700
				6折	横6竖2	12	1×2	横0竖1	5	对开	866×626	900×1280M	840
				7折	横7竖2	14	1×2	横0竖1	6	对开	996×626	1000×1400M	980
		横本	297×105	单张	横3竖6	2	3×6	横2竖5	0	对开	929×686	1000×1400M	297
				对折	横2竖4	4	1×4	横0竖3	1	四开	620×464	1000M×1400	594
				3折	横3竖6	6	1×6	横0竖5	2	对开	917×686	1000×1400M	891
3	32	竖本	105×297	单张	横8竖2	2	8×2	横7竖1	0	对开	898×626	900×1280M	105
				对折	横8竖2	4	4×2	横3竖1	1	对开	884×626	900×1280M	210
				3折	横9竖2	6	3×2	横2竖1	2	对开	983×626	1000×1400M	315
				4折	横8竖2	8	2×2	横1竖1	3	对开	872×626	900×1280M	420
				5折	横5竖1	10	1×1	横0竖0	4	四开	543×323	787M×1092	525
				6折	横6竖2	12	1×2	横0竖1	5	对开	656×626	900×1280M	630
				7折	横7竖2	14	1×2	横0竖1	6	对开	761×626	900×1280M	735
				8折	横8竖2	16	1×2	横0竖1	7	对开	866×626	900×1280M	840

续表

序号	开本数 /开	开本形式	开本尺寸 /mm	折页装形式	排版页数 (横×竖)	页码 /页	排版方式 (每行个数×行数)	印后切断次数 /次	折页 /次	上机纸规格	上机印刷纸尺寸 /mm	可选市售纸尺寸 /mm	成品展开长度 /mm
3	32	竖本	105×297	9折	横9竖2	18	1×2	横0竖1	8	对开	871×626	900×1280M	945
		横本	297×70	单张	横4竖6	2	4×6	横3竖5	0	1开	1232×804	900M×1280	297
				对折	横2竖5	4	1×5	横0竖4	1	四开	616×400	890M×1240	594
				3折	横3竖8	6	1×8	横0竖7	2	对开	917×628	1000×1400M	891
4	48	竖本	70×297	单张	横12竖2	2	12×2	横11竖1	0	对开	932×626	1000×1400M	70
				对折	横12竖2	4	6×2	横5竖1	1	对开	894×626	900×1280M	140
				3折	横12竖2	6	4×2	横3竖1	2	对开	884×626	900×1280M	210
				4折	横12竖2	8	3×2	横2竖1	3	对开	878×626	900×1280M	280
				5折	横10竖2	10	2×2	横1竖1	4	对开	732×626	900×1280M	350
				6折	横12竖2	12	2×2	横1竖1	5	对开	872×626	900×1280M	420
				7折	横7竖1	14	1×1	横0竖0	6	四开	516×323	787M×1092	490
				8折	横8竖1	16	1×1	横0竖1	7	四开	580×323	850M×1168	560
				9折	横9竖2	18	1×2	横0竖1	8	对开	656×626	900×1280M	630
				10折	横10竖2	20	1×2	横0竖1	9	对开	726×626	900×1280M	700

续表

序号	开本数 /开	开本形式	开本尺寸 /mm	折页装形式	排版页数（横×竖）/页	页码 /页	排版方式（每行个数×行数）	印后切断次数 /次	折页 /次	上机纸规格	上机印刷纸尺寸 /mm	可选市售纸尺寸 /mm	成品展开长度 /mm
4	48	竖本	70×297	11折	横11竖2	22	1×2	横0竖1	10	对开	796×626	900×1280M	770
				12折	横12竖2	24	1×2	横0竖1	11	对开	866×626	900×1280M	840
				13折	横13竖2	26	1×2	横0竖1	12	对开	936×626	1000×1400M	910
				14折	横14竖2	28	1×2	横0竖1	13	对开	996×626	1000×1400M	980
5	24	方本	198×210	单张	横4竖3	2	4×3	横3竖2	0	对开	836×668	1000×1400M	198
				对折	横4竖3	4	2×3	横1竖2	1	对开	818×668	1000×1400M	396
				3折	横4竖2	6	1×2	横0竖2	2	四开	620×446	900M×1280	594
				4折	横4竖3	8	1×3	横0竖2	3	对开	818×668	1000×1400M	792
		方本	210×198	单张	横4竖3	2	4×3	横3竖2	0	对开	884×632	900×1280M	210
				对折	横4竖3	4	2×3	横1竖2	1	对开	872×632	900×1280M	420
				3折	横3竖2	6	1×2	横0竖1	2	四开	656×428	1000M×1400	630
				4折	横4竖3	8	1×3	横0竖2	3	对开	866×632	900×1280M	840
6	36	横本	198×140	单张	横4竖4	2	4×4	横3竖3	0	对开	836×604	880×1230M	198
				对折	横4竖4	4	2×4	横1竖3	1	对开	824×604	880×1230M	396

续表

序号	开本数/开	开本形式	开本尺寸/mm	折页装形式	排版页数(横×竖)/页	页码/页	排版方式(每行个数×行数)	印后切断次数/次	折页/次	上机纸规格	上机印刷纸尺寸/mm	可选市售纸尺寸/mm	成品展开长度/mm
6	36	横本	198×140	3折	横3竖3	6	1×3	横0竖2	2	四开	620×458	1000M×1400	594
				单张	横6竖3	2	6×3	横5竖2	0	对开	894×632	900×1280M	140
		竖本	140×198	对折	横6竖3	4	3×3	横2竖2	1	对开	878×632	900×1280M	280
				3折	横6竖3	6	2×3	横1竖2	2	对开	872×632	900×1280M	420
				4折	横4竖2	8	1×2	横0竖1	3	四开	586×428	889M×1194	560
				5折	横6竖3	10	1×3	横0竖2	4	对开	726×632	900×1280M	700
				6折	横6竖3	12	1×3	横0竖2	5	对开	866×632	900×1280M	840
				7折	横7竖3	14	1×3	横0竖2	6	对开	996×632	1000×1400M	980
7	48	横本	198×105	单张	横4竖5	2	4×5	横3竖4	0	对开	836×575	850×1168M	198
				对折	横4竖5	4	2×5	横1竖4	1	对开	824×575	850×1168M	396
				3折	横3竖4	6	1×4	横0竖3	2	四开	620×464	1000M×1400	594
				4折	横4竖5	8	1×5	横0竖4	3	对开	818×575	850×1168M	792
		竖本	105×198	单张	横8竖3	2	8×3	横7竖2	0	对开	908×632	1000×1400M	105
				对折	横8竖3	4	4×3	横3竖2	1	对开	884×632	900×1280 M	210

续表

序号 /开	开本数 /开	开本形式	开本尺寸 /mm	折页装形式	排版页数（横×竖）/页	页码 /页	排版方式（每行个数×行数）	印后切断次数 /次	折页 /次	上机纸规格	上机印刷纸尺寸 /mm	可选市售纸尺寸 /mm	成品展开长度 /mm
7	48	竖本	105×198	3折	横9竖3	6	3×3	横2竖2	2	对开	983×632	1000×1400M	315
				4折	横8竖3	8	2×3	横1竖2	3	对开	872×632	900×1280 M	420
				5折	横5竖2	10	1×2	横0竖1	4	四开	551×422	850M×1168	525
				6折	横6竖2	12	1×2	横0竖1	5	四开	656×428	1000M×1400	630
				7折	横7竖2	14	1×2	横0竖1	6	对开	761×428	787×1092M	735
				8折	横8竖3	16	1×3	横0竖2	7	对开	866×632	900×1280M	840
				9折	横9竖3	18	1×3	横0竖2	8	对开	971×632	1000×1400M	945
		横本	198×70	单张	横4竖7	2	4×7	横3竖6	0	对开	836×552	850×1168M	198
				对折	横4竖7	4	2×7	横1竖6	1	对开	824×552	850×1168M	396
				3折	横3竖5	6	1×5	横0竖4	2	四开	616×400	890M×1240	594
				4折	横4竖7	8	1×7	横0竖6	3	对开	818×552	850×1168M	792
8	72	竖本	70×198	单张	横12竖3	2	12×3	横11竖2	0	对开	932×632	1000×1400M	70
				对折	横12竖3	4	6×3	横5竖2	1	对开	894×632	900×1280M	140
				3折	横12竖3	6	4×3	横3竖2	2	对开	884×632	900×1280M	210

续表

序号	开本数 /开	开本形式	开本尺寸 /mm	折页装形式	排版页数（横×竖）/页	页码 /页	排版方式（每行个数×行数）	印后切断次数 /次	折页 /次	上机纸规格	上机印刷纸尺寸 /mm	可选市售纸尺寸 /mm	成品展开长度 /mm
8	72	竖本	70×198	4折	横12竖3	8	3×3	横2竖2	3	对开	878×632	900×1280M	280
				5折	横10竖3	10	2×3	横1竖2	4	对开	732×632	900×1280M	350
				6折	横12竖3	12	2×3	横1竖2	5	对开	872×632	900×1280M	420
				7折	横7竖2	14	1×2	横0竖1	6	四开	516×422	850M×1168	490
				8折	横8竖2	16	1×2	横0竖1	7	四开	580×422	850M×1168	560
				9折	横9竖2	18	1×2	横0竖1	8	四开	656×428	1000M×1400	630
				10折	横10竖3	20	1×3	横0竖2	9	对开	726×632	900×1280M	700
				11折	横11竖3	22	1×3	横0竖2	10	对开	796×632	900×1280M	770
				12折	横12竖3	24	1×3	横0竖2	11	对开	866×632	900×1280M	840
				13折	横13竖3	26	1×3	横0竖2	12	对开	936×632	1000×1400M	910
				14折	横14竖3	28	1×3	横0竖2	13	对开	996×632	1000×1400M	980
9	32	竖本	148×210	单张	横6竖3	2	6×3	横5竖2	0	对开	944×668	1000×1400M	148
				对折	横6竖3	4	3×3	横2竖2	1	对开	926×668	1000×1400M	296
				3折	横6竖3	6	2×3	横1竖2	2	对开	920×668	1000×1400M	444

续表

序号	开本数 /开	开本形式	开本尺寸 /mm	折页装形式	排版页数 (横×竖) /页	页码 /页	排版方式 (每行个数×行数)	印后切断次数 /次	折页 /次	上机纸规格	上机印刷纸尺寸 /mm	可选市售纸尺寸 /mm	成品展开长度 /mm
9	32	竖本	148×210	4折	横4竖2	8	1×2	横0竖1	3	四开	618×446	900M×1280	592
		竖本	148×210	5折	横5竖2	10	1×2	横0竖1	4	对开	766×452	787×1092M	740
		竖本	148×210	6折	横6竖2	12	1×2	横0竖1	5	对开	914×668	1000×1400M	888
		横本	210×148	单张	横4竖4	2	4×4	横3竖3	0	对开	884×636	900×1280M	210
		横本	210×148	对折	横4竖4	4	2×4	横1竖3	1	对开	872×636	900×1280M	420
		横本	210×148	3折	横3竖4	6	1×4	横0竖3	2	四开	656×482	1000M×1400	630
		横本	210×148	4折	横4竖4	8	1×4	横0竖3	3	对开	866×636	900×1280M	840
10	48	方本	148×140	单张	横6竖4	2	6×4	横5竖3	0	对开	932×604	1000×1400M	148
		方本	148×140	对折	横6竖4	4	3×4	横2竖3	1	对开	926×604	1000×1400M	296
		方本	148×140	3折	横6竖4	6	2×4	横1竖5	2	对开	920×604	1000×1400M	444
		方本	148×140	4折	横4竖3	8	1×3	横0竖2	3	四开	618×458	1000M×1400	592
		方本	148×140	5折	横5竖4	10	1×4	横0竖3	4	对开	766×604	880×1230M	740
		方本	148×140	6折	横6竖4	12	1×4	横0竖3	5	对开	914×604	1000×1400 M	888
		方本	140×148	单张	横6竖4	2	6×4	横5竖3	0	对开	894×636	900×1280M	140

续表

序号	开本数 /开	开本形式	开本尺寸 /mm	折页装形式	排版页数（横×竖）/页	页码 /页	排版方式（每行个数×行数）	印后切断次数	折页 /次	上机纸规格	上机印刷纸尺寸 /mm	可选市售纸尺寸 /mm	成品展开长度 /mm
10	48	方本	140×148	对折	横6竖4	4	3×4	横2竖3	1	对开	878×636	900×1280M	280
				3折	横6竖4	6	2×4	横1竖3	2	对开	872×636	900×1280M	420
				4折	横4竖3	8	1×3	横0竖2	3	四开	586×482	1000M×1400	560
				5折	横5竖3	10	1×3	横0竖2	4	对开	726×482	787×1092M	700
				6折	横6竖4	12	1×4	横0竖3	5	对开	866×636	900×1280M	840
				7折	横7竖4	14	1×4	横0竖3	6	对开	996×636	1000×1400M	980
				单张	横6竖6	2	6×6	横5竖5	0	对开	944×686	1000×1400M	148
11	64	横本	148×105	对折	横6竖6	4	3×6	横2竖5	1	对开	926×686	1000×1400M	296
				3折	横6竖6	6	2×6	横1竖5	2	对开	920×686	900×1280M	444
				4折	横4竖4	8	1×4	横0竖3	3	四开	618×464	1000M×1400	592
				5折	横5竖5	10	1×5	横0竖4	4	对开	766×575	850×1168M	740
				6折	横6竖6	10	1×6	横0竖4	4	对开	914×686	1000×1400M	888
		竖本	105×148	单张	横8竖4	2	8×4	横7竖3	0	对开	898×636	900×1280M	105
				对折	横8竖4	4	4×4	横3竖3	1	对开	884×636	900×1280M	210

续表

序号	开本数 /开	开本形式	开本尺寸 /mm	折页装形式	排版页数（横×竖）/页	页码 /页	排版方式（每行个数×行数）	印后切断次数 /次	折页 /次	上机规格	上机印刷纸尺寸 /mm	可选市售纸尺寸 /mm	成品展开长度 /mm
11	64	竖本	105×148	3折	横9竖4	6	3×4	横2竖3	2	对开	983×636	1000×1400M	315
				4折	横8竖4	8	2×4	横1竖3	3	对开	872×636	900×1280M	420
				5折	横5竖2	10	1×2	横0竖1	4	四开	543×328	787M×1092	525
				6折	横6竖3	12	1×3	横0竖2	5	四开	656×482	1000M×1400	630
				7折	横7竖3	14	1×3	横0竖2	6	对开	761×482	787×1092M	735
				8折	横8竖4	16	1×4	横0竖3	7	对开	866×636	900×1280M	840
				9折	横9竖4	18	1×4	横0竖3	8	对开	971×636	1000×1400M	945
12	96	横本	148×70	单张	横6竖8	2	6×8	横5竖7	0	对开	944×628	1000×1400M	148
				对折	横6竖8	4	3×8	横2竖7	1	对开	926×628	1000×1400M	296
				3折	横6竖8	6	2×8	横1竖7	2	对开	920×628	1000×1400M	444
				4折	横4竖5	8	1×5	横0竖4	3	四开	612×400	880M×1230	592
				5折	横5竖7	10	1×7	横0竖6	4	对开	766×552	850×1168M	740
				6折	横6竖8	12	1×8	横0竖7	5	对开	914×628	1000×1400M	888
		竖本	70×148	单张	横12竖4	2	12×4	横11竖3	0	对开	932×636	1000×1400M	70

续表

序号	开本数/开	开本形式	开本尺寸/mm	折页装形式	排版页数(横×竖)/页	页码/页	排版方式(每行个数×行数)	印后切断次数/次	折页/次	上机纸规格	上机印刷纸尺寸/mm	可选市售纸尺寸/mm	成品展开长度/mm
12	96	竖本	70×148	对折	横12竖4	4	6×4	横5竖2	1	对开	894×636	900×1280M	140
				3折	横12竖4	6	4×4	横3竖3	2	对开	884×636	900×1280M	210
				4折	横12竖4	8	3×4	横2竖3	3	对开	866×636	900×1280M	280
				5折	横10竖3	10	2×3	横1竖2	4	对开	732×482	787×1092M	350
				6折	横12竖4	12	2×4	横1竖3	5	对开	872×636	900×1280M	420
				7折	横7竖2	14	1×2	横0竖1	6	四开	516×328	787M×1092	490
				8折	横8竖3	16	1×3	横0竖2	7	四开	580×482	1000M×1400	560
				9折	横9竖3	18	1×3	横0竖2	8	四开	656×482	1000M×1400	630
				10折	横10竖3	20	1×3	横0竖2	9	对开	726×482	787×1092M	700
				11折	横11竖3	22	1×3	横0竖2	10	对开	796×482	850×1168M	770
				12折	横12竖4	24	1×4	横0竖3	11	对开	866×636	900×1280M	840
				13折	横13竖4	26	1×4	横0竖3	12	对开	936×636	1000×1400M	910
				14折	横14竖4	28	1×4	横0竖3	13	对开	996×636	1000×1400M	980
13	48	竖本	99×210	单张	横9竖3	2	9×3	横8竖2	0	对开	965×668	1000×1400M	99

附 录 2

续表

序号	开本数/开	开本形式	开本尺寸/mm	折页装形式	排版页数（横×竖）/页	页码/页	排版方式（每行个数×行数）	印后切断次数/次	折页/次	上机规格	上机印刷纸尺寸/mm	可选市售纸尺寸/mm	成品展开长度/mm
13	48	竖本	99×210	对折	横8竖3	4	4×3	横3竖2	1	对开	860×668	1000×1400M	198
				3折	横9竖3	6	3×3	横0竖2	2	对开	929×668	1000×1400M	297
				4折	横8竖3	8	2×3	横1竖2	3	对开	824×668	1000×1400M	396
				5折	横10竖3	10	2×3	横1竖2	4	对开	824×668	1000×1400M	495
				6折	横6竖3	12	1×2	横0竖1	5	四开	620×446	900M×1280	594
				7折	横7竖3	14	1×3	横0竖2	6	对开	719×452	787×1092M	693
				8折	横8竖3	16	1×3	横0竖2	7	对开	818×668	1000×1400M	792
				9折	横9竖3	18	1×3	横0竖2	8	对开	917×668	1000×1400M	891
		横本	210×99	单张	横4竖5	2	4×5	横3竖4	0	对开	882×545	889×1194M	210
				对折	横4竖5	4	2×5	横1竖4	1	对开	872×545	850×1168M	420
				3折	横3竖4	6	1×4	横0竖3	2	四开	656×440	1000M×1400	630
				4折	横4竖5	8	1×5	横0竖4	3	对开	866×545	889×1194M	840
14	72	竖本	99×140	单张	横9竖4	2	9×4	横8竖3	0	对开	965×604	1000×1400M	99
				对折	横8竖4	4	4×4	横3竖3	1	对开	836×604	880×1230M	198

续表

序号	开本数 /开	开本形式	开本尺寸 /mm	折页装形式	排版页数（横×竖）/页	页码 /页	排版方式（每行个数×行数）	印后切断次数（横×竖）/次	折页 /次	上机纸规格	上机印刷纸尺寸 /mm	可选市售纸尺寸 /mm	成品展开长度 /mm
14	72	竖本	99×140	3折	横9竖4	6	3×4	横2竖3	2	对开	929×604	1000×1400M	297
				4折	横8竖4	8	2×4	横1竖3	3	对开	824×604	880×1230M	396
				5折	横5竖2	10	1×2	横0竖1	4	四开	521×312	787M×1092	495
				6折	横6竖3	12	1×3	横0竖2	5	四开	620×458	1400M×1000	594
				7折	横7竖4	14	1×4	横0竖3	6	对开	719×604	880×1230M	693
				8折	横8竖4	16	1×4	横0竖3	7	对开	818×604	880×1230M	792
				9折	横9竖4	18	1×4	横0竖3	8	对开	917×604	1000×1400M	891
		横本	140×99	单张	横6竖5	2	6×5	横5竖4	0	对开	894×545	900×1280M	140
				对折	横6竖5	4	3×5	横2竖4	1	对开	878×545	889×1194M	280
				3折	横6竖6	6	2×6	横1竖5	2	对开	872×545	889×1194M	420
				4折	横4竖4	8	1×4	横0竖3	3	四开	586×440	889M×1194	560
				5折	横5竖5	10	1×5	横0竖4	4	对开	726×543	787×1092M	700
				6折	横6竖5	12	1×5	横0竖4	5	对开	866×545	880×1230M	840
				7折	横7竖6	14	1×6	横0竖5	6	对开	996×650	1000×1400M	840

续表

序号	开本数/开	开本形式	开本尺寸/mm	折页装形式	排版页数(横×竖)/页	页码/页	排版方式(每行个数×行数)	印后切断次数/次	折页/次	上机纸规格	上机印刷纸尺寸/mm	可选市售纸尺寸/mm	成品展开长度/mm
15	96	方本	99×105	单张	横9竖6	2	9×6	横8竖5	0	对开	965×686	1000×1400M	99
				对折	横8竖5	4	4×5	横3竖4	1	对开	860×575	889×1194M	198
				3折	横9竖6	6	3×6	横2竖5	2	对开	965×686	1000×1400M	297
				4折	横8竖5	8	2×5	横1竖4	3	对开	824×575	850×1168M	396
				5折	横5竖3	10	1×3	横0竖2	4	四开	521×352	787M×1092	495
				6折	横6竖4	12	1×4	横0竖3	5	四开	620×464	1000×1400M	594
				7折	横7竖4	14	1×3	横0竖3	6	对开	719×464	787×1092M	693
				8折	横8竖5	16	1×5	横0竖4	7	对开	818×575	850×1168M	792
				9折	横9竖6	18	1×6	横0竖5	8	对开	917×686	1000×1400M	891
		方本	105×99	单张	横8竖6	2	8×6	横7竖5	0	对开	908×650	1000×1400M	105
				对折	横8竖6	4	4×6	横3竖5	1	对开	882×545	889×1194M	210
				3折	横9竖6	6	3×6	横2竖5	2	对开	983×650	1000×1400M	315
				4折	横8竖6	8	2×6	横1竖5	3	对开	872×545	889×1194M	420
				5折	横5竖4	10	1×4	横0竖3	4	四开	551×440	889M×1194	525

续表

序号	开本数 /开	开本形式	开本尺寸 /mm	折页装形式	排版页数 (横×竖) /页	页码 /页	排版方式 (每行个数×行数)	印后切断次数 /次	折页 /次	上机纸规格	上机印刷纸尺寸 /mm	可选市售纸尺寸 /mm	成品展开长度 开长度 /mm
15	96	方本	105×99	6折	横6竖4	12	1×4	横0竖3	5	四开	656×440	1000M×1400	630
				7折	横7竖5	14	1×5	横0竖4	6	对开	761×543	787×1092M	735
				8折	横8竖6	16	1×6	横0竖5	7	对开	866×545	889×1194M	840
				9折	横9竖6	18	1×9	横0竖8	8	对开	971×650	1000×1400M	945
16	144	横本	99×70	单张	横9竖8	2	9×8	横8竖7	0	对开	965×628	1000×1400M	99
				对折	横8竖7	4	4×7	横3竖6	1	对开	860×552	889×1194M	198
				3折	横9竖8	6	3×8	横2竖7	2	对开	929×628	1000×1400M	297
				4折	横8竖7	8	2×7	横1竖6	3	对开	824×552	850×1168M	396
				5折	横5竖5	10	1×5	横0竖4	4	四开	521×394	787M×1092	495
				6折	横1竖5	12	1×5	横0竖4	5	四开	612×400	880M×1230	594
				7折	横7竖7	14	1×7	横0竖6	6	对开	719×552	850×1168M	693
				8折	横8竖7	16	1×7	横0竖6	7	对开	818×552	850×1168M	792
				9折	横9竖8	18	1×8	横0竖7	8	对开	917×628	1000×1400M	891
		竖本	70×99	单张	横12竖6	2	12×6	横11竖5	0	对开	932×650	1000×1400M	70

续表

序号	开本数 /开	开本形式	开本尺寸 /mm	折页装形式	排版页数 (横×竖) /页	页码 /页	排版方式 (每行个数×行数)	印后切断次数 /次	折页 /次	上机纸规格	上机印刷纸尺寸 /mm	可选市售纸尺寸 /mm	成品展开长度 /mm
16	144	竖本	70×99	对折	横12竖6	4	6×6	横5竖5	1	对开	896×650	1000×1400M	140
				3折	横12竖5	6	4×5	横3竖4	2	对开	882×545	889×1194M	210
				4折	横12竖5	8	3×5	横2竖4	3	对开	878×545	889×1194M	280
				5折	横10竖5	10	2×5	横1竖4	4	对开	732×543	787×1092M	350
				6折	横12竖5	12	2×5	横1竖4	5	对开	872×543	880×1230M	420
				7折	横7竖4	14	1×4	横0竖3	6	四开	516×440	889M×1194	490
				8折	横8竖4	16	1×4	横0竖3	7	四开	586×440	889M×1194	560
				12折	横12竖5	24	1×5	横0竖4	11	对开	866×545	889×1194M	840
				13折	横13竖6	26	1×6	横0竖5	12	对开	936×650	1000×1400M	910
				14折	横14竖6	28	1×6	横0竖5	14	对开	996×650	1000×1400M	980
17	64	竖本	74×210	单张	横12竖3	2	12×3	横11竖2	0	对开	980×668	1000×1400M	74
				对折	横12竖3	4	6×3	横5竖2	1	对开	944×668	1000×1400M	148
				3折	横12竖3	6	4×3	横3竖2	2	对开	932×668	1000×1400M	222
				4折	横12竖3	8	3×3	横2竖2	3	对开	926×668	1000×1400M	296

续表

序号	开本数 /开	开本形式	开本尺寸 /mm	折页装形式	排版页数 (横×竖) /页	页码 /页	排版方式 (每行个数×行数)	印后切断次数 /次	折页 /次	上机纸规格	上机印刷纸尺寸 /mm	可选市售纸尺寸 /mm	成品展开长度 /mm
17	64	竖本	74×210	5折	横10竖3	10	2×3	横1竖2	4	对开	772×452	787×1092M	370
				6折	横12竖3	12	2×3	横1竖2	5	对开	920×668	1000×1400M	444
				7折	横7竖3	14	1×3	横0竖2	6	四开	544×446	900M×1280	518
				8折	横8竖2	16	1×2	横0竖1	7	四开	618×446	900M×1280	592
				9折	横9竖2	18	1×2	横0竖1	8	四开	692×452	1000M×1400	666
				10折	横10竖2	20	1×2	横0竖1	9	对开	766×452	787×1092M	740
				11折	横11竖3	22	1×3	横0竖2	10	对开	840×668	1000×1400M	814
				12折	横12竖3	24	1×3	横0竖2	11	对开	914×668	1000×1400M	888
				13折	横13竖3	26	1×3	横0竖2	12	对开	988×668	1000×1400M	962
		横本	210×74	单张	横4竖8	2	4×8	横3竖7	0	对开	884×660	1000×1400M	210
				对折	横4竖7	4	2×7	横1竖6	1	对开	874×562	880×1230M	420
				3折	横3竖7	6	1×7	横1竖3	2	对开	656×580	850×1168M	630
				4折	横4竖7	8	1×7	横0竖6	3	对开	866×580	889×1194M	840
18	96	竖本	74×140	单张	横12竖4	2	12×4	横11竖3	0	对开	980×604	1000×1400M	74

续表

序号	开本数 /开	开本形式	开本尺寸 /mm	折页装形式	排版页数（横×竖）/页	页码 /页	排版方式（每行个数×行数）	印后切断次数 /次	折页 /次	上机纸规格	上机印刷纸尺寸 /mm	可选市售纸尺寸 /mm	成品展开长度 /mm
18	96	竖本	74×140	对折	横12竖4	4	6×4	横5竖3	1	对开	944×604	1000×1400M	148
				3折	横12竖4	6	4×4	横3竖3	2	对开	932×604	1000×1400M	222
				4折	横12竖4	8	3×4	横2竖3	3	对开	926×604	1000×1400M	296
				5折	横10竖4	10	2×4	横1竖3	4	对开	772×604	880×1230M	370
				6折	横12竖4	12	2×4	横1竖3	5	对开	920×604	1000×1400M	444
				7折	横7竖2	14	1×2	横0竖1	6	四开	542×312	787M×1092	518
				8折	横8竖3	16	1×3	横0竖2	7	四开	616×458	1000M×1400	592
				9折	横9竖3	18	1×3	横0竖2	8	四开	692×458	1000M×1400	666
				10折	横10竖4	20	1×4	横0竖3	9	对开	766×604	880×1230M	740
				11折	横11竖4	22	1×4	横0竖3	10	对开	840×604	880×1230M	814
				12折	横12竖4	24	1×4	横0竖3	11	对开	914×604	1000×1400M	888
				13折	横13竖4	26	1×4	横0竖3	12	对开	988×604	1000×1400M	962
18	96	横本	140×74	单张	横6竖7	2	6×7	横5竖6	0	对开	894×580	900×1280M	140
				对折	横6竖7	4	3×7	横2竖6	1	对开	878×580	889×1194M	280

续表

序号	开本数/开	开本形式	开本尺寸/mm	折页装形式	排版页数(横×竖)/页	页码/页	排版方式(每行个数×行数)	印后切断次数/次	折页/次	上机纸规格	上机印刷纸尺寸/mm	可选市售纸尺寸/mm	成品展开长度/mm
18	96	横本	140×74	3折	横6竖7	6	2×7	横1竖6	2	对开	872×580	889×1194M	420
				4折	横4竖5	8	1×5	横0竖4	3	四开	580×420	889M×1194	560
				5折	横5竖7	10	1×7	横0竖6	4	对开	726×580	850×1168M	700
				6折	横6竖7	12	1×7	横0竖6	5	对开	866×580	889×1194M	840
				7折	横7竖8	14	1×8	横0竖7	6	对开	996×660	1000×1400M	980
19	128	竖本	74×105	单张	横12竖6	2	12×6	横11竖5	0	对开	980×686	1000×1400M	74
				对折	横12竖6	4	6×6	横5竖5	1	对开	944×686	1000×1400M	148
				3折	横12竖6	6	4×6	横3竖5	2	对开	932×686	1000×1400M	222
				4折	横12竖6	8	3×6	横2竖5	3	对开	926×686	1000×1400M	296
				5折	横10竖5	10	2×5	横1竖4	4	对开	772×575	850×1168M	370
				6折	横12竖6	12	2×6	横1竖5	5	对开	920×686	1000×1400M	444
				7折	横7竖3	14	1×3	横0竖2	6	四开	542×353	787M×1092	518
				8折	横8竖4	16	1×4	横0竖3	7	四开	618×464	1000M×1400	592
				9折	横9竖4	18	1×4	横0竖3	8	四开	692×464	1000M×1400	666

续表

序号	开本数/开	开本形式	开本尺寸/mm	折页装形式	排版页数（横×竖）/页	页码/页	排版方式（每行个数×行数）	印后切断次数/次	折页/次	上机规格	上机印刷纸尺寸/mm	可选市售纸尺寸/mm	成品展开长度/mm
19	128	竖本	74×105	10折	横10竖4	20	1×4	横0竖3	9	对开	766×464	787×1092M	740
				11折	横11竖5	22	1×5	横0竖4	10	对开	840×575	850×1168M	814
				12折	横12竖6	24	1×6	横0竖5	11	对开	914×686	1000×1400M	888
				13折	横13竖6	26	1×6	横0竖5	12	对开	988×686	1000×1400M	962
		横本	105×74	单张	横8竖8	2	8×8	横7竖7	0	对开	908×656	1000×1400M	105
				对折	横8竖7	4	4×7	横3竖6	1	对开	882×580	889×1194M	210
				3折	横9竖7	6	3×7	横2竖6	2	对开	874×580	889×1194M	315
				4折	横8竖7	8	2×7	横1竖6	3	对开	872×580	889×1194M	420
				5折	横5竖5	10	1×5	横0竖4	4	四开	551×420	850M×1168	525
				6折	横6竖6	12	1×6	横0竖5	5	四开	656×496	1000M×1400	630
				7折	横7竖6	14	1×6	横0竖5	6	对开	761×500	787×1092M	735
				8折	横8竖7	16	1×7	横0竖6	7	对开	866×580	889×1194M	840
20	192	方本	74×70	单张	横12竖8	2	12×8	横11竖7	0	对开	980×628	1000×1400M	74
				对折	横12竖8	4	6×8	横5竖7	1	对开	944×628	1000×1400M	148

续表

序号	开本数/开	开本形式	开本尺寸/mm	折页装形式	排版页数(横×竖)/页	页码/页	排版方式(每行个数×行数)	印后切断次数/次	折页/次	上机纸规格	上机印刷纸尺寸/mm	可选市售纸尺寸/mm	成品展开长度/mm
20	192	方本	74×70	3折	横12竖8	6	4×8	横3竖7	2	对开	932×628	1000×1400M	222
				4折	横12竖8	8	3×8	横2竖7	3	对开	926×628	1000×1400M	296
				5折	横10竖7	10	2×7	横1竖6	4	对开	772×552	850×1168 M	370
				6折	横12竖8	12	2×8	横1竖7	5	对开	920×628	1000×1400M	444
				7折	横7竖5	14	1×5	横0竖4	6	四开	544×400	850M×1168	518
				8折	横8竖5	16	1×5	横0竖4	7	四开	616×400	890M×1240	592
				9折	横9竖6	18	1×6	横0竖5	8	四开	692×476	1000M×1400	666
				10折	横10竖7	20	1×7	横0竖6	9	对开	766×552	850×1168M	740
				11折	横11竖7	22	1×7	横0竖6	10	对开	840×552	850×1168M	814
				12折	横12竖9	24	1×9	横0竖8	11	对开	914×698	1000×1400M	888
				13折	横13竖9	26	1×9	横0竖8	12	对开	988×698	1000×1400M	962
		方本	70×74	单张	横12竖8	2	12×8	横11竖7	0	对开	932×660	1000×1400M	70
				对折	横12竖7	4	6×7	横5竖6	1	对开	894×580	900×1400M	140
				3折	横12竖8	6	4×8	横3竖7	2	对开	882×580	889×1194M	210

续表

序号	开本数/开	开本形式	开本尺寸/mm	折页装形式	排版页数(横×竖)/页	页码/页	排版方式(每行个数×行数)	印后切断次数/次	折页/次	上机纸规格	上机印刷纸尺寸/mm	可选市售纸尺寸/mm	成品展开长度开长度/mm
20	192	方本	70×74	4折	横12竖7	8	3×7	横2竖6	3	对开	878×580	889×1194M	280
				5折	横10竖7	10	2×7	横1竖6	4	对开	732×580	850×1168M	350
				6折	横12竖7	12	2×7	横1竖6	5	对开	872×580	880×1230M	420
				7折	横7竖5	14	1×5	横0竖4	6	四开	516×420	850M×1168	490
				8折	横8竖5	16	1×5	横0竖4	7	四开	580×420	850M×1168	560
				9折	横9竖6	18	1×6	横0竖5	8	四开	656×496	1000M×1400	630
				10折	横10竖6	20	1×6	横0竖5	9	对开	726×500	787×1092M	700
				11折	横11竖7	22	1×7	横0竖6	10	对开	796×580	850×1168M	770
				12折	横12竖7	24	1×7	横0竖6	11	对开	866×580	889×1194M	840
				13折	横13竖8	26	1×8	横0竖7	12	对开	936×660	1000×1400M	910
				14折	横14竖8	28	1×8	横0竖7	14	对开	996×660	1000×1400M	980

注：成品展开长度是指折页装成品展开后的长度；印后切断次数、折页次数的多少，涉及生产成本多少；大宗用纸可按上机印刷纸规格横竖各加6mm向造纸厂专项订货；斜体字为非书刊开本书刊开本数及开本尺寸。不论使用哪种规格的印刷机印刷，都会产生印刷后成品的裁切工序，裁切

附录3　四开机印刷国际标准开本尺寸折页装数据表（以高度210或297为基础衍生的开本尺寸）

序号 /开	开本数 /开	开本形式	开本尺寸 /mm	折页装形式	排版页数（横×竖）/页	页码 /页	排版方式（每行个数×行数）	印后切断次数 /次	折页 /次	上机规格	上机印刷纸尺寸 /mm	可选市售纸尺寸 /mm	成品展开长度 /mm
1	16	横本	297×210	单张	横2竖2	2	2×2	横1竖1	0	四开	620×448	900M×1280	297
		横本		对折	横2竖2	4	1×2	横0竖1	1	四开	626×448	900M×1280	594
		竖本	210×297	单张	横3竖1	2	3×1	横2竖0	0	四开	668×323	1000M×1400	210
				对折	横2竖1	4	1×1	横0竖0	1	九开	446×323	1000M×1400	420
				3折	横3竖1	6	1×1	横0竖0	2	四开	656×323	1000 M×1400	630
2	24	横本	297×140	单张	横2竖3	2	2×3	横1竖2	0	四开	626×458	1000M×1400	297
				对折	横2竖3	4	1×3	横0竖2	1	四开	620×458	1000M×1400	594
		竖本	140×297	单张	横4竖1	2	4×1	横3竖0	0	四开	594×323	889M×1194	140
				对折	横4竖1	4	2×1	横1竖0	1	四开	592×323	889M×1194	280
				3折	横3竖1	6	1×1	横0竖0	2	九开	446×323	1000×1400M	420
				4折	横4竖1	8	1×1	横0竖0	3	四开	580×323	850M×1168	560
3	32	横本	297×105	单张	横2竖4	2	2×4	横2竖3	0	四开	626×464	1000M×1400	297
				对折	横2竖4	4	1×4	横0竖3	1	四开	620×464	1000M×1400	594
		竖本	105×297	单张	横6竖1	2	6×1	横5竖0	0	四开	680×323	1000M×1400	105

续表

序号	开本数/开	开本形式	开本尺寸/mm	折页装形式	排版页数(横×竖)/页	页码/页	排版方式(每行个数×行数)	印后切断次数/次	折页/次	上机纸规格	上机印刷纸尺寸/mm	可选市售纸尺寸/mm	成品展开长度/mm
3	32	竖本	105×297	对折	横6竖1	4	3×1	横3竖1	1	四开	668×323	1000M×1400	210
				3折	横6竖1	6	1×1	横2竖0	2	四开	662×323	1000M×1400	315
				4折	横4竖1	8	1×1	横0竖0	3	九开	446×323	1000M×1400	420
				5折	横5竖1	10	1×1	横0竖0	4	四开	543×323	787M×1092	525
				6折	横6竖1	12	1×1	横0竖0	5	四开	656×323	1000M×1400	630
		横本	297×70	单张	横2竖6	2	2×6	横1竖5	0	四开	626×476	1000M×1400	297
				对折	横2竖5	4	1×5	横8竖4	1	四开	616×400	890M×1240	594
4	48	竖本	70×297	单张	横9竖1	2	9×1	横8竖0	0	四开	696×323	1000M×1400	70
				对折	横8竖1	4	4×1	横3竖0	1	四开	604×323	880M×1230	140
				3折	横9竖1	6	3×1	横2竖0	2	四开	668×323	1000M×1400	210
				4折	横8竖1	8	2×1	横1竖0	3	四开	582×323	850M×1168	280
				5折	横5竖1	8	1×1	横0竖0	4	六开	376×323	787×1092M	350
				6折	横6竖1	8	1×1	横0竖0	5	九开	446×323	1000M×1400	420
				7折	横7竖1	8	1×1	横0竖0	6	四开	516×323	787M×1092	490

续表

序号	开本数 /开	开本形式	开本尺寸 /mm	折页装形式	排版页数（横×竖）/页	页码 /页	排版方式（每行个数×行数）	印后切断次数 /次	折页 /次	上机纸规格	上机印刷纸尺寸 /mm	可选市售纸尺寸 /mm	成品展开长度 /mm
4	48	竖本	70×297	8折	横8竖1	8	1×1	横0竖0	7	四开	580×323	850M×1168	560
				9折	横9竖1	18	1×1	横0竖0	8	四开	656×323	1000M×1400	630
5	24	方本	198×210	单张	横3竖2	2	3×2	横2竖1	0	四开	632×452	1000M×1400	198
				对折	横2竖2	4	1×2	横0竖1	1	六开	422×452	1000×1400	396
				3折	横3竖2	6	1×2	横0竖1	2	四开	620×446	900M×1280	594
		方本	210×198	单张	横3竖2	2	3×2	横2竖1	0	四开	668×428	1000M×1400	210
				对折	横2竖1	4	1×1	横0竖0	1	八开	440×224	889×1194M	420
				3折	横3竖2	6	1×2	横0竖1	2	四开	656×428	1000M×1400	630
6	36	横本	198×140	单张	横3竖3	2	3×3	横2竖2	0	四开	632×458	1000M×1400	198
				对折	横2竖2	4	1×2	横0竖1	1	八开	420×312	900×1280M	396
				3折	横3竖3	6	1×3	横0竖2	2	四开	620×458	1000M×1400	594
		竖本	140×198	单张	横4竖2	2	4×2	横3竖1	0	四开	594×428	889M×1194	140
				对折	横4竖3	4	2×3	横1竖2	1	四开	592×428	889M×1194	280
				3折	横3竖2	6	1×2	横0竖1	2	六开	446×424	900×1280M	420

续表

序号	开本数 /开	开本形式	开本尺寸 /mm	折页装形式	排版页数 (横×竖) /页	页码 /页	排版方式 (每行个数×行数)	印后切断次数 /次	折页 /次	上机规格	上机印刷纸尺寸 /mm	可选市售纸尺寸 /mm	成品展开长度 /mm
6	36	竖本	140×198	4折	横4竖2	8	1×2	横0竖1	3	四开	586×428	889M×1194	560
7	48	横本	198×105	单张	横3竖4	2	3×4	横2竖3	0	四开	632×464	1000M×1400	198
		横本	198×105	对折	横2竖3	4	1×3	横0竖2	1	六开	422×353	850×1168M	396
		横本	198×105	3折	横3竖4	6	1×4	横0竖3	2	四开	620×464	1000M×1400	594
		竖本	105×198	单张	横6竖2	2	6×2	横5竖1	0	四开	686×428	1000M×1400	105
		竖本	105×198	对折	横6竖2	4	3×2	横2竖1	1	四开	668×428	1000M×1400	210
		竖本	105×198	3折	横6竖2	6	2×2	横1竖1	2	四开	662×428	1000M×1400	315
		竖本	105×198	4折	横4竖2	8	1×2	横0竖1	3	六开	446×424	900×1280M	420
		竖本	105×198	5折	横5竖2	10	1×2	横0竖1	4	四开	551×422	850×1168M	525
		竖本	105×198	6折	横6竖2	12	1×2	横0竖1	5	四开	656×428	1000M×1400	630
8	72	横本	198×70	单张	横3竖5	2	3×5	横2竖4	0	四开	632×400	900M×1280	198
		横本	198×70	对折	横2竖5	4	1×5	横0竖4	1	六开	428×400	880M×1230	396
		横本	198×70	3折	横3竖5	6	1×5	横0竖4	2	四开	616×400	890M×1240	594
		竖本	70×198	单张	横9竖2	2	9×2	横8竖1	0	四开	696×428	1000M×1400	70

续表

序号	开本数 /开	开本形式	开本尺寸 /mm	折页装形式	排版页数（横×竖）/页	页码 /页	排版方式（每行个数×行数）/页	印后切断次数 /次	折页 /次	上机纸规格	上机印刷纸尺寸 /mm	可选市售纸尺寸 /mm	成品展开长度 /mm
8	72	竖本	70×198	对折	横8竖2	4	4×2	横3竖1	1	四开	594×428	889M×1194	140
				3折	横9竖2	6	3×2	横2竖1	2	四开	696×428	1000M×1400	210
				4折	横8竖2	8	2×2	横1竖1	3	四开	592×428	889M×1194	280
				5折	横5竖1	10	1×1	横0竖0	4	九开	376×224	787M×1092	350
				6折	横6竖1	12	1×1	横0竖0	5	八开	440×224	889×1194M	420
				7折	横7竖2	14	1×2	横0竖1	6	四开	516×422	850M×1168	490
				8折	横8竖2	16	1×2	横0竖1	7	四开	580×422	850M×1168	560
				9折	横9竖2	18	1×2	横0竖1	8	四开	656×428	1000M×1400	630
9	32	竖本	148×210	单张	横4竖2	2	4×2	横3竖1	0	四开	632×446	900M×1280	148
				对折	横4竖2	4	2×2	横1竖1	1	四开	626×446	900M×1280	296
				3折	横3竖2	6	1×2	横0竖1	2	六开	470×452	1000×1400M	444
				4折	横4竖2	8	1×2	横0竖1	3	四开	618×446	900M×1280	592
		横本	210×148	单张	横3竖3	2	3×3	横2竖2	0	四开	668×482	1000M×1400	210
				对折	横2竖2	4	1×2	横0竖1	1	九开	452×328	1000M×1400	210

续表

序号	开本数/开	开本形式	开本尺寸/mm	折页装形式	排版页数（横×竖）/页	页码/页	排版方式（每行个数×行数）	印后切断次数/次	折页/次	上机印纸规格	上机印刷纸尺寸/mm	可选市售纸尺寸/mm	成品展开长度/mm
9	32	横本	210×148	3折	横3竖3	6	1×3	横0竖2	2	四开	656×482	1000M×1400	420
10	48	方本	148×140	单张	横4竖3	2	4×3	横3竖2	0	四开	636×458	1000M×1400	148
				对折	横4竖3	4	2×3	横1竖2	1	四开	620×458	1000M×1400	296
				3折	横3竖2	6	1×2	横0竖1	2	九开	464×312	1000M×1400	444
				4折	横4竖3	8	1×3	横0竖2	3	四开	618×458	1000M×1400	592
		方本	140×148	单张	横4竖3	2	4×3	横3竖2	0	四开	604×482	1000M×1400	140
				对折	横4竖3	4	2×3	横1竖2	1	四开	592×482	1000M×1400	280
				3折	横3竖2	6	1×2	横0竖1	2	九开	446×328	1000M×1400	420
				4折	横4竖3	8	1×3	横0竖2	3	四开	586×482	1000M×1400	560
11	64	横本	148×105	单张	横4竖4	2	4×4	横3竖3	0	四开	636×464	1000M×1400	148
				对折	横4竖4	4	2×4	横1竖3	1	四开	624×464	1000M×1400	296
				3折	横3竖4	6	1×4	横0竖3	2	六开	470×464	1000×1400M	444
				4折	横4竖4	8	1×4	横0竖3	3	四开	618×464	1000M×1400	592
		竖本	105×148	单张	横6竖3	2	6×3	横5竖2	0	四开	686×482	1000M×1400	105

续表

序号	开本数/开	开本形式	开本尺寸/mm	折页装形式	排版页数(横×竖)/页	页码/页	排版方式(每行个数×行数)	印后切断次数/次	折页/次	上机纸规格	上机印刷纸尺寸/mm	可选市售纸尺寸/mm	成品展开长度/mm
11	64	竖本	105×148	对折	横6竖3	4	3×3	横2竖2	1	四开	668×482	1000M×1400	210
				3折	横6竖3	6	2×3	横1竖2	2	四开	662×482	1000M×1400	315
				4折	横4竖2	8	1×2	横0竖1	3	九开	446×328	1000M×1400	420
				5折	横5竖3	10	1×3	横0竖2	4	四开	543×328	787M×1092	525
				6折	横6竖3	12	1×3	横0竖2	5	四开	656×482	1000M×1400	630
		横本	148×70	单张	横4竖5	2	4×5	横3竖4	0	四开	636×400	900M×1280	148
				对折	横4竖5	4	2×5	横1竖4	1	四开	616×400	890M×1240	296
				3折	横3竖4	6	1×4	横0竖3	2	九开	464×324	1000M×1400	444
				4折	横4竖5	8	1×5	横0竖4	3	四开	612×400	880M×1230	592
12	96	竖本	70×148	单张	横9竖3	2	9×3	横8竖2	0	四开	696×482	1000M×1400	70
				对折	横8竖3	4	4×3	横3竖2	1	四开	604×482	1000M×1400	140
				3折	横9竖3	6	3×3	横2竖2	2	四开	668×482	1000M×1400	210
				4折	横8竖3	8	2×3	横1竖2	3	四开	592×482	1000M×1400	280
				5折	横5竖2	10	1×2	横0竖1	4	九开	376×328	1000M×1400	350

续表

序号	开本数 /开	开本形式	开本尺寸 /mm	折页装形式	排版页数（横×竖）/页	页码 /页	排版方式（每行个数×行数）/页	印后切断次数 /次	折页 /次	上机规格	上机印刷纸尺寸 /mm	可选市售纸尺寸 /mm	成品展开长度 /mm
12	96	竖本	70×148	6折	横6竖2	12	1×2	横0竖1	5	九开	446×328	1000M×1400	420
				7折	横7竖3	14	1×3	横0竖2	6	四开	516×328	787M×1092	490
				8折	横8竖3	16	1×3	横0竖2	7	四开	586×482	1000M×1400	560
				9折	横9竖3	18	1×3	横0竖2	8	四开	656×482	1000M×1400	630
13	48	竖本	99×210	单张	横6竖2	2	6×2	横5竖1	0	四开	650×452	1000M×1400	99
				对折	横6竖2	4	3×2	横1竖1	1	四开	632×452	1000M×1400	198
				3折	横6竖2	6	2×2	横0竖1	2	四开	626×452	1000M×1400	297
				4折	横4竖1	8	1×1	横0竖0	3	八开	422×236	850×1168M	396
				5折	横5竖2	10	1×2	横0竖1	4	四开	521×446	900M×1280	495
				6折	横6竖2	12	1×2	横0竖1	5	四开	620×446	900M×1280	594
		横本	210×99	单张	横3竖4	2	3×4	横0竖3	0	四开	668×440	1000M×1400	210
				对折	横2竖3	4	1×3	横0竖2	1	九开	446×331	1000 M ×1400	420
				3折	横3竖4	6	1×4	横0竖3	2	四开	656×440	1000M×1400	630
14	72	竖本	99×140	单张	横6竖3	2	6×3	横5竖2	0	四开	650×458	1000M×1400	99

续表

序号	开本数/开	开本形式	开本尺寸/mm	折页装形式	排版页数(横×竖)/页	页码/页	排版方式(每行个数×行数)	印后切断次数/次	折页/次	上机纸规格	上机印刷纸尺寸/mm	可选市售纸尺寸/mm	成品展开长度/mm
14	72	竖本	99×140	对折	横6竖3	4	3×3	横2竖2	1	四开	632×458	1000M×1400	198
				3折	横6竖3	6	2×3	横1竖2	2	四开	626×458	1000M×1400	297
				4折	横4竖2	8	1×2	横0竖1	3	八开	422×308	890×1240M	396
				5折	横5竖2	10	1×2	横0竖1	4	四开	521×312	787M×1092	495
				6折	横6竖3	12	1×3	横0竖2	5	四开	620×458	1000M×1400	594
		横本	140×99	单张	横4竖4	2	4×4	横3竖3	0	四开	594×440	889M×1194	140
				对折	横4竖4	4	2×4	横1竖3	1	四开	592×440	889M×1194	280
				3折	横3竖3	6	1×3	横0竖2	2	九开	446×331	1000M×1400	420
				4折	横4竖4	8	2×4	横1竖3	3	四开	586×440	889M×1194	560
15	96	方本	99×105	单张	横6竖4	2	6×4	横5竖3	0	四开	650×464	1000M×1400	99
				对折	横6竖4	4	3×4	横2竖3	1	四开	632×464	1000M×1400	198
				3折	横6竖4	6	2×4	横1竖3	2	四开	626×464	1000M×1400	297
				4折	横4竖3	8	1×3	横0竖2	3	六开	422×353	850×1168M	396
				5折	横5竖3	10	1×3	横0竖2	4	四开	521×353	787M×1092	495

续表

序号 /开	开本数 /开	开本形式	开本尺寸 /mm	折页装形式	排版页数（横×竖）/页	页码 /页	排版方式（每行个数×行数）	印后切断次数 /次	折页 /次	上机规格	上机印刷纸尺寸 /mm	可选市售纸尺寸 /mm	成品展开长度 /mm
15	96	方本	99×105	6折	横6竖4	12	1×4	横0竖3	5	四开	620×464	1000M×1400	594
		方本	105×99	单张	横6竖4	2	6×4	横5竖3	0	四开	686×440	1000M×1400	105
				对折	横6竖4	4	3×4	横2竖3	1	四开	668×440	1000M×1400	210
				3折	横6竖4	6	2×4	横1竖3	2	四开	662×440	1000M×1400	315
				4折	横4竖3	8	1×3	横0竖2	3	九开	446×331	1000M×1400	420
				5折	横5竖4	10	1×4	横0竖3	4	四开	551×440	889M×1194	525
				6折	横6竖4	12	1×4	横0竖3	5	四开	656×440	1000M×1400	630
16	144	横本	99×70	单张	横6竖6	2	6×6	横5竖5	0	四开	650×476	1000M×1400	99
				对折	横6竖5	4	3×5	横2竖4	1	四开	632×400	900M×1280	198
				3折	横6竖5	6	2×5	横1竖4	2	四开	616×400	890M×1240	297
				4折	横4竖4	8	1×4	横0竖3	3	九开	422×324	1000M×1400	396
				5折	横5竖5	10	1×5	横0竖4	4	四开	521×394	787M×1092	495
				6折	横6竖5	12	1×5	横0竖4	5	四开	612×400	880M×1230	594
		竖本	70×99	单张	横9竖4	2	9×4	横8竖3	0	四开	696×440	1000M×1400	70

续表

序号 /开	开本数 /开	开本形式	开本尺寸 /mm	折页装形式	排版页数（横×竖） /页	页码 /页	排版方式（每行个数 ×行数）	印后切断次数 /次	折页 /次	上机纸规格	上机印刷纸尺寸 /mm	可选市售纸尺寸 /mm	成品展开长度 /mm
16	144	竖本	70×99	对折	横8竖4	4	4×4	横3竖3	1	四开	594×440	889M×1194	140
				3折	横9竖4	6	3×4	横2竖3	2	四开	696×440	1000M×1400	210
				4折	横8竖4	8	2×4	横1竖3	3	四开	592×440	889M×1194	280
				5折	横5竖2	10	1×2	横0竖1	4	八开	376×230	787×1092 M	350
				6折	横6竖3	12	1×3	横0竖2	5	九开	446×331	1000M×1400	420
				7折	横7竖4	14	1×4	横0竖3	6	四开	516×440	889M×1194	490
				8折	横8竖4	16	1×4	横0竖3	7	四开	586×440	889M×1194	560
				9折	横9竖4	18	1×4	横0竖3	8	四开	656×440	1000M×1400	630
17	64	竖本	74×210	单张	横8竖2	2	8×2	横7竖1	0	四开	660×452	1000M×1400	74
				对折	横8竖2	4	4×2	横4竖1	1	四开	636×452	1000M×1400	148
				3折	横6竖2	6	2×2	横1竖1	2	六开	476×452	1000×1400M	222
				4折	横8竖2	8	2×2	横1竖1	3	四开	624×452	900M×1280	296
				5折	横5竖1	10	1×1	横0竖0	4	八开	390×242	787×1092M	370
				6折	横6竖2	12	1×2	横0竖1	5	六开	470×452	1000×1400M	444

续表

序号	开本数/开	开本形式	开本尺寸/mm	折页装形式	排版页数（横×竖）/页	页码/页	排版方式（每行个数×行数）	印后切断次数/次	折页/次	上机纸规格	上机印刷纸尺寸/mm	可选市售纸尺寸/mm	成品展开长度/mm
17	64	竖本	74×210	7折	横7竖2	14	1×2	横0竖1	6	四开	544×446	900M×1280	518
				8折	横8竖2	16	1×2	横0竖1	7	四开	618×446	900M×1280	592
				9折	横9竖2	18	1×2	横0竖1	8	四开	692×452	1000M×1400	666
		横本	210×74	单张	横3竖6	2	6×6	横2竖5	0	八开	668×496	1000M×1400	210
				对折	横2竖4	4	1×4	横0竖3	1	八开	446×340	1000×1400M	420
				3折	横3竖6	6	1×6	横0竖5	2	四开	656×496	1000M×1400	630
18	96	竖本	74×140	单张	横8竖3	2	8×3	横7竖2	0	四开	660×458	1000M×1400	74
				对折	横8竖3	4	4×3	横3竖2	1	四开	636×458	1000M×1400	148
				3折	横9竖3	6	3×3	横0竖2	2	四开	696×458	1000M×1400	222
				4折	横8竖2	8	2×2	横1竖1	3	四开	624×458	1000M×1400	296
				5折	横5竖2	10	1×2	横0竖1	4	八开	396×312	900×1280M	370
				6折	横6竖2	12	1×2	横0竖1	5	九开	464×312	1000M×1400	444
				7折	横7竖2	14	1×2	横0竖1	6	四开	544×312	787M×1092	518
				8折	横8竖3	16	1×3	横0竖2	7	四开	618×458	1000M×1400	592

续表

序号	开本数 /开	开本形式	开本尺寸 /mm	折页装形式	排版页数 (横×竖) /页	页码 /页	排版方式 (每行个数×行数)	印后切断次数 /次	折页 /次	上机纸规格	上机印刷纸尺寸 /mm	可选市售纸尺寸 /mm	成品展开长度 /mm
18	96	竖本	74×140	9折	横9竖3	18	1×3	横0竖2	8	四开	692×458	1000M×1400	666
		横本	140×74	单张	横4竖5	2	4×5	横3竖14	0	四开	594×420	889M×1194	140
				对折	横4竖5	4	2×5	横1竖4	1	四开	592×420	889M×1194	280
				3折	横3竖4	6	1×4	横0竖3	2	六开	446×420	900×1280M	420
				4折	横4竖5	8	1×5	横0竖4	3	四开	580×420	889M×1194	560
19	128	竖本	74×105	单张	横8竖4	2	8×4	横7竖3	0	四开	660×464	1000M×1400	74
				对折	横8竖4	4	4×4	横3竖3	1	四开	636×464	1000M×1400	148
				3折	横8竖4	6	3×4	横2竖3	2	四开	696×464	1000M×1400	222
				4折	横8竖4	8	2×4	横1竖3	3	四开	624×464	1000M×1400	296
				5折	横5竖3	10	1×3	横0竖2	4	六开	390×353	787×1092M	370
				6折	横6竖3	12	1×3	横0竖3	5	四开	470×353	787M×1092	444
				7折	横7竖3	14	1×3	横0竖2	6	四开	542×353	787M×1092	518
				8折	横8竖4	16	1×4	横0竖3	7	四开	618×464	1000M×1400	592
				9折	横9竖4	18	1×4	横0竖3	8	四开	692×464	1000M×1400	666

续表

序号/开	开本数/开	开本形式	开本尺寸/mm	折页装形式	排版页数(横×竖)/页	页码/页	排版方式(每行个数×行数)	印后切断次数/次	折页/次	上机纸规格	上机印刷纸尺寸/mm	可选市售纸尺寸/mm	成品展开长度/mm
19	128	横本	105×74	单张	横6竖6	2	6×6	横5竖5	0	四开	686×496	1000M×1400	105
				对折	横6竖6	4	3×6	横2竖5	1	四开	668×496	1000M×1400	210
				3折	横6竖6	6	2×6	横1竖5	2	四开	662×496	1000M×1400	315
				4折	横4竖4	8	1×4	横0竖3	3	八开	446×340	1000×1400M	420
				5折	横5竖5	10	1×5	横0竖4	4	四开	551×420	850M×1168	525
				6折	横6竖6	12	1×6	横0竖5	5	四开	656×496	1000M×1400	630
20	192	方本	74×70	单张	横8竖6	2	8×6	横7竖5	0	四开	660×476	1000M×1400	74
				对折	横8竖5	4	4×5	横3竖4	1	四开	636×400	900×1280	148
				3折	横9竖6	6	3×6	横2竖5	2	四开	694×476	1000M×1400	222
				4折	横8竖5	8	2×5	横1竖4	3	四开	616×400	890M×1240	296
				5折	横5竖4	10	1×4	横0竖3	4	六开	390×324	787×1092M	370
				6折	横6竖5	12	1×5	横0竖4	5	六开	470×400	1000×1400M	444
				7折	横7竖5	14	1×5	横0竖4	6	四开	544×400	850M×1168	518
				8折	横8竖5	16	1×5	横0竖4	7	四开	616×400	890M×1240	592

续表

序号/开	开本数/开	开本形式	开本尺寸/mm	折页装形式	排版页数（横×竖）/页	页码/页	排版方式（每行个数×行数）	印后切断次数/次	折页/次	上机纸规格	上机印刷纸尺寸/mm	可选市售纸尺寸/mm	成品展开长度开长度/mm
20	192	方本	74×70	9折	横9竖6	18	1×6	横0竖5	8	四开	692×476	1000M×1400	666
		方本	70×74	单张	横9竖6	2	9×6	横8竖5	0	四开	698×496	1000M×1400	70
				对折	横8竖5	4	4×5	横3竖4	1	四开	594×420	889M×1194	140
				3折	横9竖6	6	3×6	横2竖5	2	四开	668×496	1000M×1400	210
				4折	横8竖5	8	2×5	横1竖4	3	四开	592×420	889M×1194	280
				5折	横5竖3	10	1×3	横0竖2	4	八开	376×260	787×1092M	350
				6折	横6竖4	12	1×4	横0竖3	5	八开	446×340	1000×1400M	420
				7折	横7竖5	14	1×5	横0竖4	6	四开	516×420	850M×1168	490
				8折	横8竖5	16	1×5	横0竖4	7	四开	580×420	850M×1168	560
				9折	横9竖6	18	1×6	横0竖5	8	四开	656×496	1000M×1400	630

注：成品展开长度是指折页装成品展开后的长度；印后切断次数的多少，涉及生产成本多少，大宗用纸可按上机印刷纸规格横竖各加6mm向造纸厂专项订货；斜体字为非书刊开本数及开本尺寸。不论使用哪种规格的印刷机印刷，都会产生印刷后成品的裁切工序，裁切

附录 4　八开机印刷国际标准开本尺寸折页装数据表（以高度 210 或 297 为基础衍生的开本尺寸）

序号	开本数 /开	开本形式	开本尺寸 /mm	折页装形式	排版页数（横×竖）/页	页码 /页	排版方式（每行个数×行数）	印后切断次数 /次	折页 /次	上机规格	纸张尺寸 /mm	可选市售纸尺寸 /mm	成品展开长度 /mm
1	16	横本	297×210	八开纸不适合印刷此规格									
		竖本	210×297	单张	横2竖1	2	2×1	横1竖0	0	九开	452×323	1000M×1400	210
				对折	横2竖1	4	1×1	横0竖0	1	九开	446×323	1000M×1400	420
2	24	横本	297×140	八开纸不适合印刷此规格									
		竖本	140×297	单张	横3竖1	2	3×1	横2竖0	0	九开	458×323	1000M×1400	140
				对折	横2竖1	4	1×1	横0竖0	1	八开	306×318	900×1280M	280
				3折	横3竖1	6	1×1	横0竖0	2	九开	446×323	1000M×1400	420
3	32	横本	297×105	八开纸不适合印刷此规格									
		竖本	105×297	单张	横4竖1	2	4×1	横3竖0	0	九开	464×323	1000M×1400	105
				对折	横4竖1	4	2×1	横1竖0	1	九开	452×323	1000×1400M	210
				3折	横3竖1	6	1×1	横0竖0	2	八开	341×318	900×1280M	315
				4折	横4竖1	8	1×1	横0竖0	3	九开	446×323	1000M×1400	420
4	48	横本	297×70	八开纸不适合印刷此规格									
		竖本	70×297	单张	横6竖1	2	6×1	横5竖0	0	八开	476×323	1000×1400M	70

续表

序号	开本数 /开	开本形式	开本尺寸 /mm	折页装形式	排版页数 (横×竖) /页	页码 /页	排版方式 (每行个数×行数)	印后切断次数 /次	折页 /次	上机纸规格	上机印刷纸尺寸 /mm	可选市售纸尺寸 /mm	成品展开长度 /mm
4	48	竖本	70×297	对折	横6竖1	4	3×1	横2竖0	1	九开	458×323	1000M×1400	140
				3折	横6竖1	6	2×1	横1竖0	2	八开	446×318	900×1280M	210
				4折	横4竖1	8	1×1	横0竖0	3	八开	306×318	900×1280M	280
				5折	横5竖1	10	1×1	横0竖0	4	九开	376×323	1000M×1400	350
				6折	横6竖1	12	1×1	横0竖0	5	八开	446×318	900×1280M	420
5	24	方本	198×210	单张	横2竖1	2	2×1	横1竖0	0	八开	422×236	850×1168M	198
				对折	横2竖1	4	1×1	横0竖0	1	八开	422×236	850×1168M	396
		方本	210×198	单张	横2竖1	2	2×1	横1竖0	0	八开	446×224	889×1194M	210
				对折	横2竖1	4	1×1	横0竖0	1	八开	440×224	889×1194M	420
		横本	198×140	单张	横2竖2	2	2×2	横1竖1	0	八开	428×312	900×1280 M	198
				对折	横2竖2	4	1×2	横0竖1	1	八开	422×312	900×1280 M	396
6	36	竖本	140×198	单张	横3竖1	2	3×1	横2竖0	0	九开	458×224	1000M×1400	140
				对折	横2竖1	4	1×1	横0竖0	1	九开	306×224	787M×1092	280
				3折	横3竖1	6	1×1	横0竖0	2	八开	440×224	889×1194M	420

续表

序号	开本数/开	开本形式	开本尺寸/mm	折页装形式	排版页数(横×竖)/页	页码/页	排版方式(每行个数×行数)	印后切断次数/次	折页/次	上机纸规格	上机印刷纸尺寸/mm	可选市售纸尺寸/mm	成品展开长度/mm
7	48	横本	198×105	单张	横2竖2	2	2×2	横1竖1	0	八开	422×242	850×1168M	198
				对折	横2竖2	4	1×2	横0竖1	1	八开	422×242	850×1168M	396
		竖本	105×198	单张	横4竖1	2	4×1	横3竖0	0	九开	464×224	1000M×1400	105
				对折	横4竖1	4	2×1	横1竖0	1	八开	446×224	889×1194M	210
				3折	横3竖1	6	1×1	横0竖0	2	九开	341×224	787M×1092	315
				4折	横4竖1	4	1×1	横0竖0	3	八开	446×224	889×1194M	210
8	72	横本	198×70	单张	横2竖3	2	2×3	横1竖2	0	八开	422×248	850×1168M	198
				对折	横2竖3	4	1×3	横0竖2	1	八开	422×248	850×1168M	396
		竖本	70×198	单张	横6竖1	2	6×1	横5竖0	0	九开	476×224	1000×1400M	70
				对折	横6竖1	4	3×1	横2竖0	1	九开	458×224	1000M×1400	140
				3折	横6竖1	4	2×1	横1竖0	1	八开	446×224	900×1280M	210
				4折	横4竖1	8	1×1	横0竖0	3	九开	306×224	787M×1092	280
				5折	横5竖1	10	1×1	横0竖0	4	九开	376×224	787M×1092	350
				6折	横6竖1	12	1×1	横0竖0	5	八开	440×224	889×1194M	420

续表

序号	开本数/开	开本形式	开本尺寸/mm	折页装形式	排版页数(横×竖)/页	页码/页	排版方式(每行个数×行数)	印后切断次数/次(横×竖)	折页/次	上机纸规格	上机印刷纸尺寸/mm	可选市售纸尺寸/mm	成品展开长度/mm
9	32	竖本	148×210	单张	横3竖1	2	3×1	横2竖0	0	九开	328×236	787M×1400	148
				对折	横2竖1	4	1×1	横0竖0	1	九开	322×236	787M×1092	296
				3折	横3竖1	6	1×1	横0竖0	2	九开	464×236	1000M×1400	444
		横本	210×148	单张	横2竖2	2	2×2	横1竖1	0	九开	452×328	1000M×1400	210
				对折	横2竖2	4	1×2	横0竖1	1	九开	446×328	1000M×1400	420
10	48	方本	148×140	单张	横3竖3	2	3×2	横2竖1	0	八开	482×312	1000×1400M	148
				对折	横2竖2	4	1×2	横1竖1	1	八开	322×312	900×1280M	296
				3折	横3竖2	6	1×2	横0竖1	2	九开	464×312	1000M×1400	444
		方本	140×148	单张	横3竖2	2	3×2	横2竖1	0	九开	458×328	1000M×1400	140
				对折	横3竖2	4	1×2	横0竖1	0	九开	306×328	1000M×1400	140
				3折	横3竖3	6	3×3	横2竖2	1	九开	446×328	1000M×1400	280
11	64	横本	148×105	单张	横3竖2	2	1×2	横2竖1	0	八开	482×348	1000×1400M	148
				对折	横2竖2	4	1×2	横0竖1	1	九开	322×242	787M×1092	296
				3折	横3竖3	6	1×3	横0竖2	2	八开	470×348	1000×1400M	444

续表

序号	开本数 /开	开本形式	开本尺寸 /mm	折页装形式	排版页数（横×竖）/页	页码 /页	排版方式（每行个数×行数）	印后切断次数 /次	折页 /次	上机纸规格	上机印刷纸尺寸 /mm	可选市售纸尺寸 /mm	成品展开长度 开长度 /mm
11	64	竖本	105×148	单张	横4竖2	2	4×2	横3竖1	0	九开	464×328	1000M×1400	105
				对折	横4竖2	4	2×2	横2竖1	1	九开	452×328	1000M×1400	210
				3折	横4竖2	6	1×2	横0竖1	2	九开	331×328	1000 M×1400	315
				4折	横4竖2	8	1×2	横0竖1	3	九开	446×328	1000 M×1400	420
		横本	148×70	单张	横3竖4	2	3×4	横2竖3	0	八开	482×324	1000×1400M	148
				对折	横2竖3	4	1×3	横0竖2	1	九开	322×248	787 M×1092	296
				3折	横3竖4	6	1×4	横0竖3	2	九开	464×324	1000M×1400	444
12	96	竖本	70×148	单张	横6竖2	2	6×2	横5竖1	0	八开	476×328	1000×1400M	70
				对折	横6竖2	4	3×2	横2竖1	1	九开	458×328	1000M×1400	140
				3折	横6竖2	6	2×2	横1竖1	2	九开	452×328	1000M×1400	210
				4折	横6竖2	8	1×2	横0竖1	3	九开	306×328	1000×1400M	280
				5折	横5竖2	10	1×2	横0竖1	4	九开	376×328	1000M×1400	350
				6折	横6竖2	12	1×2	横0竖1	5	九开	446×328	1000M×1400	420
13	48	竖本	99×210	单张	横4竖1	2	4×1	横3竖0	0	八开	440×236	889×1194M	99

续表

序号	开本数/开	开本形式	开本尺寸/mm	折页装形式	排版页数(横×竖)/页	页码/页	排版方式(每行个数×行数)	印后切断次数/次	折页/次	上机纸规格	上机印刷纸尺寸/mm	可选市售纸尺寸/mm	成品展开长度/mm
13	48	竖本	99×210	对折	横4竖1	4	2×1	横1竖0	1	八开	422×236	850×1168M	198
				3折	横3竖1	6	1×1	横0竖0	2	九开	323×236	787M×1092	297
				4折	横4竖1	8	1×1	横0竖0	3	八开	422×236	850×1168M	396
		横本	99×210	单张	横2竖3	2	2×3	横1竖2	0	九开	452×331	1000M×1400	210
				对折	横2竖3	4	1×3	横0竖2	1	九开	446×331	1000M×1400	420
14	72	竖本	99×140	单张	横4竖2	2	4×2	横3竖1	0	八开	440×308	890×1240M	99
				对折	横4竖2	4	2×2	横1竖1	1	八开	428×308	890×1240M	198
				3折	横3竖2	6	1×2	横0竖1	2	八开	323×308	890×1240M	297
				4折	横4竖2	8	1×2	横0竖1	3	八开	422×308	890×1240M	396
		横本	140×99	单张	横4竖3	2	3×3	横2竖2	0	九开	458×331	1000M×1400	140
				对折	横2竖3	4	1×3	横0竖2	1	九开	306×331	1000M×1400	280
				3折	横3竖3	6	1×3	横0竖2	2	九开	446×331	1000M×1400	420
15	96	方本	99×105	单张	横4竖3	2	4×3	横3竖2	0	八开	440×348	1000×1400M	99
				对折	横4竖3	4	2×3	横1竖2	1	八开	428×348	1000×1400M	198

续表

序号 /开	开本数 /开	开本形式	开本尺寸 /mm	折页装形式	排版页数（横×竖） /页	页码 /页	排版方式（每行个数×行数）	印后切断次数 /次	折页 /次	上机纸规格	上机印刷纸尺寸 /mm	可选市售纸尺寸 /mm	成品展开长度 /mm
15	96	方本	99×105	3折	横3竖2	6	1×2	横0竖1	2	九开	322×242	787 M×1092	297
				4折	横4竖3	8	1×3	横0竖2	3	八开	422×348	1000 M ×1400	396
		方本	105×99	单张	横4竖3	2	4×3	横3竖2	0	九开	464×331	1000 M ×1400	105
				对折	横4竖3	4	2×3	横1竖2	1	九开	452×331	1000 M ×1400	210
				3折	横3竖3	6	1×3	横0竖2	2	九开	441×331	1000 M ×1400	315
				4折	横4竖3	8	1×3	横0竖2	3	九开	446×331	1000 M ×1400	420
		横本	99×70	单张	横4竖4	2	4×4	横3竖3	0	九开	440×324	1000M×1400	99
				对折	横4竖4	4	2×4	横1竖3	1	九开	428×324	1000M×1400	198
				3折	横3竖3	6	1×3	横0竖2	2	九开	323×248	787M×1092	297
				4折	横4竖4	8	1×4	横0竖3	3	九开	422×324	1000M×1400	396
16	144	竖本	70×99	单张	横6竖3	2	6×3	横5竖2	0	八开	476×335	1000×1400M	70
				对折	横6竖3	4	3×3	横2竖2	1	九开	458×331	1000 M ×1400	140
				3折	横6竖3	6	2×3	横1竖2	2	九开	452×331	1000×1400M	210
				4折	横4竖2	8	1×2	横0竖1	3	九开	306×230	787 M×1092	280

续表

序号	开本数 /开	开本形式	开本尺寸 /mm	折页装形式	排版页数（横×竖）/页	页码 /页	排版方式（每行个数×行数）	印后切断次数 /次	折页 /次	上机纸规格	上机印刷纸尺寸 /mm	可选市售纸尺寸 /mm	成品展开长度 /mm
16	144	竖本	70×99	5折	横5竖2	10	1×2	横0竖1	4	八开	376×230	787×1092M	350
				6折	横6竖3	12	1×3	横0竖2	5	九开	446×331	1000M×1400	420
17	64	竖本	74×210	单张	横6竖1	2	6×1	横5竖0	0	八开	496×236	1000×1400M	74
				对折	横6竖1	4	3×1	横2竖0	1	八开	482×236	1000×1400M	148
				3折	横6竖1	6	2×1	横1竖0	2	八开	476×236	1000×1400M	222
				4折	横4竖1	8	1×1	横0竖0	3	八开	323×236	787×1092M	296
				5折	横5竖1	10	1×1	横0竖0	4	八开	390×236	787×1092M	370
				6折	横6竖1	12	1×1	横0竖0	5	八开	464×236	1000M×1400	444
		横本	210×74	单张	横2竖4	2	2×4	横1竖3	0	八开	452×340	1000×1400M	210
				对折	横2竖4	4	1×4	横0竖3	1	九开	446×340	1000×1400M	420
18	96	竖本	74×140	单张	横6竖2	2	6×2	横5竖1	0	八开	496×312	1000×1400M	74
				对折	横6竖2	4	3×2	横2竖1	1	八开	482×312	1000×1400M	148
				3折	横6竖2	6	2×2	横1竖1	2	八开	476×312	1000×1400M	222
				4折	横4竖2	8	1×2	横0竖1	3	八开	323×312	900×1280M	296

续表

序号	开本数 /开	开本形式	开本尺寸 /mm	折页装形式	排版页数（横×竖）/页	页码 /页	排版方式（每行个数×行数）	印后切断次数 /次	折页 /次	上机纸规格	上机印刷纸尺寸 /mm	可选市售纸尺寸 /mm	成品展开长度 /mm
18	96	竖本	74×140	5折	横5竖2	10	1×2	横0竖1	4	八开	396×312	900×1280M	370
				6折	横6竖2	12	1×2	横0竖1	5	九开	464×312	1000M×1400	444
		横本	140×74	单张	横3竖3	2	3×3	横2竖2	0	八开	458×340	1000×1400M	140
				对折	横2竖3	4	1×3	横1竖3	1	九开	306×260	787M×1092	280
				3折	横3竖4	6	1×4	横0竖3	2	八开	446×340	1000×1400M	420
19	128	竖本	74×105	单张	横6竖3	2	6×3	横5竖2	0	八开	496×348	1000×1400M	74
				对折	横6竖3	4	3×3	横2竖2	1	八开	482×348	1000×1400M	148
				3折	横6竖3	6	2×3	横1竖2	2	八开	476×348	1000×1400M	222
				4折	横4竖2	8	1×2	横0竖1	3	八开	390×242	787×1092M	296
				5折	横5竖2	10	1×2	横0竖1	4	八开	390×242	787×1092M	370
				6折	横6竖2	12	1×3	横0竖1	5	八开	470×348	1000×1400M	444
		横本	105×74	单张	横4竖4	2	4×4	横3竖3	0	八开	464×340	1000×1400M	105
				对折	横4竖4	4	2×4	横1竖3	1	八开	452×340	1000×1400M	210
				3折	横3竖4	6	1×4	横0竖3	2	八开	341×340	1000×1400M	315

续表

序号 /开	开本数 /开	开本形式	开本尺寸 /mm	折页装形式	排版页数（横×竖）/页	页码 /页	排版方式（每行个数×行数）	印后切断次数 /次	折页 /次	上机纸规格	上机印刷纸尺寸 /mm	可选市售纸尺寸 /mm	成品展开长度 /mm
19	192	横本	105×74	4折	横4竖4	8	1×4	横0竖3	3	八开	446×340	1000×1400M	420
		方本	74×70	单张	横6竖4	2	6×4	横5竖3	0	八开	496×324	1000×1400M	74
				对折	横6竖4	4	3×4	横2竖3	1	八开	482×324	1000×1400M	148
				3折	横6竖4	6	2×3	横1竖3	2	八开	476×324	1000×1400M	222
				4折	横6竖4	8	1×4	横0竖3	3	九开	322×242	787M×1092	296
				5折	横5竖3	10	1×3	横0竖2	4	八开	390×248	787×1092M	370
				6折	横6竖4	12	1×4	横0竖3	5	九开	464×324	1000M×1400	444
20	192	方本	70×74	单张	横6竖4	2	6×4	横5竖3	0	八开	476×340	1000×1400M	70
				对折	横6竖4	4	3×4	横2竖3	1	八开	458×340	1000×1400M	140
				3折	横6竖4	6	2×4	横1竖3	2	八开	452×340	1000×1400M	210
				4折	横4竖3	8	1×3	横0竖2	3	八开	306×260	787M×1092	280
				5折	横5竖3	10	1×3	横0竖2	4	八开	376×260	787×1092M	350
				6折	横6竖4	12	1×4	横0竖3	5	八开	446×340	1000×1400M	420

注：成品展开长度是指折页装成品展开后的长度；印后切断次数、折页切断次数，不论使用哪种规格的印刷机印刷，都会产生印刷后成品的裁切工序，裁切次数的多少，涉及生产成本多少；大宗量用纸可按上机印刷纸规格横竖各加6mm向造纸厂专项订货；斜体字为非书刊数及本刊开本尺寸。

附录 5　六开机印刷国际标准开本尺寸折页装数据表（以高度 210 或 297 为基础衍生的开本尺寸）

序号	开本数/开	开本形式	开本尺寸/mm	折页装形式	排版页数（横×竖）/页	页码/页	排版方式（每行个数×行数）	印后切断次数/次	折页/次	上机纸规格	上机印刷纸尺寸/mm	可选市售纸尺寸/mm	成品展开长度/mm
1	16	横本	297×210					六开纸不适合印刷此规格					
		竖本	210×297	单张	横2竖1	2	2×1	横1竖0	0	六开	446×323	889×1194M	210
				对折	横2竖1	4	1×1	横0竖0	1	六开	446×323	889×1194M	420
2	24	横本	297×140					六开纸不适合印刷此规格					
		竖本	140×297	单张	横3竖1	2	3×1	横2竖0	0	六开	458×323	1000×1400M	140
				对折	横2竖1	4	1×1	横0竖0	1	六开	306×323	787×1092M	280
				3折	横3竖1	6	1×1	横0竖0	2	六开	446×323	889×1194M	420
3	32	横本	297×105					六开纸不适合印刷此规格					
		竖本	105×297	单张	横4竖1	2	4×1	横3竖0	0	六开	464×340	1000×1400M	105
				对折	横4竖1	4	2×1	横1竖0	1	六开	446×340	900×1280M	210
				3折	横3竖1	6	1×1	横0竖0	2	六开	341×340	787×1092M	315
				4折	横4竖1	8	1×1	横0竖0	3	六开	446×340	889×1194M	420
4	48	横本	297×70					六开纸不适合印刷此规格					
		竖本	70×297	单张	横6竖1	2	6×1	横5竖0	0	六开	476×323	1000×1400M	70

续表

序号	开本数 /开	开本形式	开本尺寸 /mm	折页装形式	排版页数 (横×竖) /页	页码 /页	排版方式 (每行个数×行数)	印后切断次数 /次	折页 /次	上机纸规格	上机印刷纸尺寸 /mm	可选市售纸尺寸 /mm	成品展开长度 /mm
4	48	竖本	70×297	对折	横6竖1	4	3×1	横2竖0	1	六开	458×323	1000×1400M	140
				3折	横6竖1	6	2×1	横1竖0	2	六开	446×323	900×1280M	210
				4折	横4竖1	8	1×1	横0竖0	3	六开	306×323	787×1092M	280
				5折	横5竖1	10	1×1	横0竖0	4	六开	376×323	787×1092M	350
				6折	横6竖1	12	1×1	横0竖0	5	六开	440×323	889×1194M	420
5	24	方本	198×210	单张	横2竖2	2	2×2	横0竖1	0	六开	428×452	1000×1400M	198
				对折	横2竖2	4	1×2	横0竖1	1	六开	422×452	1000×1400M	396
		方本	210×198	单张	横2竖2	2	2×2	横0竖1	0	六开	458×428	1000×1400M	210
				对折	横2竖2	4	1×2	横0竖1	1	六开	446×424	900×1280M	420
6	36	横本	198×140	单张	横2竖3	2	2×3	横1竖2	0	六开	428×458	1000×1400 M	198
				对折	横2竖3	4	1×3	横0竖2	1	六开	422×458	1000×1400M	396
		竖本	140×198	单张	横3竖2	2	3×2	横2竖1	0	六开	458×428	1000×1400M	140
				对折	横2竖2	4	1×2	横0竖1	1	六开	306×424	900×1280M	280
				3折	横3竖2	6	1×3	横0竖1	2	六开	446×424	900×1280M	420

续表

序号	开本数/开	开本形式	开本尺寸/mm	折页装形式	排版页数（横×竖）/页	页码/页	排版方式（每行个数×行数）	印后切断次数/次	折页/次	上机规格	上机印刷纸尺寸/mm	可选市售纸尺寸/mm	成品展开长度/mm
7	48	横本	198×105	单张	横2竖4	2	2×4	横1竖3	0	六开	428×464	1000×1400M	198
				对折	横2竖4	4	1×4	横0竖3	1	六开	422×464	1000×1400M	396
		竖本	105×198	单张	横4竖2	2	4×2	横3竖1	0	六开	464×428	1000×1400M	105
				对折	横4竖2	4	2×2	横1竖1	1	六开	446×424	900×1280M	210
				3折	横3竖2	6	1×2	横0竖1	2	六开	341×424	900×1280M	315
				4折	横4竖2	6	1×2	横0竖1	3	六开	446×424	900×1280M	420
8	72	横本	198×70	单张	横2竖5	2	2×5	横1竖4	0	六开	428×400	880×1250M	198
				对折	横2竖5	4	1×5	横0竖4	1	六开	422×400	880×1250M	396
		竖本	70×198	单张	横6竖2	2	6×2	横5竖1	0	六开	476×428	1000×1400M	70
				对折	横6竖2	4	3×2	横2竖1	1	六开	458×428	1000×1400M	140
				3折	横6竖2	4	2×2	横1竖1	1	六开	446×424	900×1280M	210
				4折	横4竖2	8	1×2	横0竖1	3	六开	306×424	900×1280M	280
				5折	横5竖2	10	1×1	横0竖0	4	六开	376×424	900×1280M	350
				6折	横6竖2	12	1×2	横0竖1	5	六开	446×424	900×1280M	420

续表

序号	开本数/开	开本形式	开本尺寸/mm	折页装形式	排版页数(横×竖)/页	页码/页	排版方式(每行个数×行数)	印后切断次数/次	折页/次	上机纸规格	上机印刷纸尺寸/mm	可选市售纸尺寸/mm	成品展开长度/mm
9	32	竖本	148×210	单张	横3竖2	2	3×2	横2竖1	0	六开	482×452	1000×1400M	148
				对折	横2竖2	4	1×2	横0竖1	1	六开	322×452	1000×1400M	296
				3折	横3竖2	6	1×2	横0竖1	2	六开	470×452	1000×1400M	444
		横本	210×148	单张	横2竖2	2	2×2	横1竖1	0	六开	446×328	900×1280M	210
				对折	横2竖2	4	1×2	横0竖1	1	六开	440×328	889×1194M	420
10	48	方本	148×140	单张	横3竖2	2	3×3	横2竖2	0	六开	482×458	1000×1400M	148
				对折	横2竖2	4	1×2	横0竖1	1	六开	322×312	787×1092M	296
				3折	横3竖2	6	1×3	横0竖2	2	六开	470×458	1000×1400M	444
		方本	140×148	单张	横3竖2	2	3×2	横2竖1	0	六开	458×328	1000×1400M	140
				对折	横2竖2	4	1×2	横0竖1	1	六开	306×328	787×1092M	280
				3折	横3竖2	6	1×3	横0竖2	2	六开	470×328	1000×1400M	420
11	64	横本	148×105	单张	横3竖3	2	3×4	横2竖3	0	六开	482×464	1000×1400M	148
				对折	横2竖3	4	1×3	横0竖2	1	六开	322×353	787×1092M	296
				3折	横3竖4	6	1×4	横0竖3	2	六开	470×464	1000×1400M	444

续表

序号	开本数/开	开本形式	开本尺寸/mm	折页装形式	排版页数（横×竖）/页	页码/页	排版方式（每行个数×行数）	印后切断次数/次	折页/次	上机纸规格	上机印刷纸尺寸/mm	可选市售纸尺寸/mm	成品展开长度/mm
11	64	竖本	105×148	单张	横4竖2	2	4×2	横3竖1	0	六开	464×328	1000×1400M	105
				对折	横4竖2	4	2×2	横2竖1	1	六开	446×328	900×1280M	210
				3折	横3竖2	6	1×2	横0竖1	2	六开	341×328	787×1092M	315
				4折	横4竖2	8	1×2	横0竖1	3	六开	440×328	889×1194M	420
12	96	横本	148×70	单张	横3竖5	2	3×5	横2竖4	0	六开	482×400	1000×1400M	148
				对折	横2竖5	4	1×5	横0竖4	1	六开	322×396	889×1194M	296
				3折	横3竖5	6	1×5	横0竖4	2	六开	470×400	1000×1400M	444
		竖本	70×148	单张	横6竖2	2	6×2	横5竖1	0	六开	476×328	1000×1400M	70
				对折	横6竖2	4	3×2	横2竖1	1	六开	458×328	1000×1400M	140
				3折	横6竖2	6	2×2	横1竖1	2	六开	446×328	900×1280M	210
				4折	横4竖2	8	1×2	横0竖1	3	六开	306×328	787×1092M	280
				5折	横5竖2	10	1×2	横0竖1	4	六开	376×328	787×1092M	350
				6折	横6竖2	12	1×2	横0竖1	5	六开	440×328	889×1194M	420
13	48	竖本	99×210	单张	横4竖2	2	4×2	横3竖1	0	六开	440×452	1000×1400M	99

续表

序号	开本数/开	开本形式	开本尺寸/mm	折页装形式	排版页数(横×竖)/页	页码/页	排版方式(每行个数×行数)	印后切断次数/次	折页/次	上机纸规格	上机印刷纸尺寸/mm	可选市售纸尺寸/mm	成品展开长度/mm
13	48	竖本	99×210	对折	横4竖2	4	2×2	横1竖1	1	六开	428×452	1000×1400M	198
		竖本	99×210	3折	横3竖2	6	1×2	横0竖1	2	六开	323×452	1000×1400M	297
		竖本	99×210	4折	横4竖2	8	1×2	横0竖1	3	六开	422×452	1000×1400M	396
		横本	210×99	单张	横2竖4	2	2×4	横1竖3	0	六开	446×335	900×1280M	210
		横本	210×99	对折	横2竖4	4	1×4	横0竖3	1	六开	440×335	889×1194M	420
14	72	竖本	99×140	单张	横4竖3	2	4×3	横3竖2	0	六开	440×458	1000×1400M	99
		竖本	99×140	对折	横4竖3	4	2×3	横1竖2	1	六开	428×458	1000×1400M	198
		竖本	99×140	3折	横3竖2	6	1×2	横0竖1	2	六开	323×312	787×1092M	297
		竖本	99×140	4折	横4竖2	8	1×3	横0竖2	3	六开	422×458	1000×1400M	396
		横本	140×99	单张	横4竖4	2	3×4	横2竖3	0	六开	458×440	1000×1400M	140
		横本	140×99	对折	横2竖4	4	1×3	横0竖2	1	六开	306×335	787×1092M	280
		横本	140×99	3折	横3竖3	6	1×3	横0竖2	2	六开	440×335	889×1194M	420
15		方本	99×105	单张	横4竖4	2	4×4	横1竖3	0	六开	440×464	1000×1400M	99
		方本	99×105	对折	横4竖4	4	2×4	横1竖3	1	六开	428×464	1000×1400M	198

续表

序号	开本数 /开	开本形式	开本尺寸 /mm	折页装形式	排版页数 (横×竖) /页	页码 /页	排版方式 (每行个数 ×行数)	印后切断次数 /次	折页 /次	上机纸规格	上机印刷纸尺寸 /mm	可选市售纸尺寸 /mm	成品展开长度 /mm
15	96	方本	99×105	3折	横3竖3	6	1×3	横0竖2	2	六开	323×353	787×1092M	297
		方本		4折	横4竖4	8	1×4	横0竖3	3	六开	422×464	1000×1400M	396
		方本	105×99	单张	横4竖4	2	4×4	横3竖3	0	六开	464×440	1000×1400 M	105
				对折	横4竖4	4	2×4	横1竖3	1	六开	452×440	1000×1400M	210
				3折	横3竖3	6	1×3	横0竖2	2	六开	341×335	787×1092 M	315
				4折	横4竖4	8	1×3	横0竖2	3	六开	440×335	889×1194M	420
		横本	99×70	单张	横4竖5	2	4×5	横3竖4	0	六开	440×396	889×1194M	99
				对折	横4竖5	4	2×5	横1竖4	1	六开	428×396	889×1194M	198
				3折	横3竖4	6	1×4	横0竖3	2	六开	323×324	787×1092M	297
				4折	横4竖5	8	1×4	横0竖4	3	六开	422×400	880×1230M	396
16	144	竖本	70×99	单张	横6竖4	2	6×4	横5竖3	0	六开	476×440	1000×1400M	70
				对折	横6竖4	4	3×4	横2竖3	1	六开	458×440	1000×1400M	140
				3折	横6竖4	6	2×4	横1竖3	2	六开	452×440	1000×1400M	210
				4折	横4竖3	8	1×3	横0竖2	3	六开	306×335	787×1092M	280

续表

序号	开本数 /开	开本形式	开本尺寸 /mm	折页装形式	排版页数 (横×竖) /开	页码 /页	排版方式 (每行个数×行数)	印后切断次数 /次	折页 /次	上机纸规格	上机印刷纸尺寸 /mm	可选市售纸尺寸 /mm	成品展开长度 /mm
16	144	竖本	70×99	5折	横5竖3	10	1×3	横0竖2	4	六开	376×335	787×1092M	350
				6折	横6竖4	12	1×4	横0竖3	5	六开	446×440	1000×1400M	420
17	64	竖本	74×210	单张	横6竖2	2	6×2	横5竖1	0	六开	496×452	1000×1400M	74
				对折	横6竖2	4	3×2	横2竖1	1	六开	482×452	1000×1400M	148
				3折	横6竖2	6	2×2	横1竖1	2	六开	476×452	1000×1400M	222
				4折	横4竖2	8	1×2	横0竖1	3	六开	323×452	1000×1400M	296
				5折	横5竖2	10	1×2	横0竖1	4	六开	496×452	1000×1400M	370
				6折	横6竖2	12	1×2	横0竖1	5	六开	470×452	1000×1400M	444
		横本	210×74	单张	横2竖5	2	2×5	横1竖4	0	六开	446×340	900×1280M	210
				对折	横2竖5	4	1×5	横0竖4	1	六开	446×340	900×1280M	420
18	96	竖本	74×140	单张	横6竖3	2	6×3	横5竖2	0	六开	496×458	1000×1400M	74
				对折	横6竖3	4	3×3	横2竖2	1	六开	482×458	1000×1400M	148
				3折	横6竖3	6	2×3	横1竖2	2	六开	476×458	1000×1400M	222
				4折	横4竖2	8	1×2	横0竖1	3	六开	323×312	787×1092M	296

续表

序号	开本数 /开	开本形式	开本尺寸 /mm	折页装形式	排版页数（横×竖）/页	页码 /页	排版方式（每行个数×行数）	印后切断次数 /次	折页 /次	上机纸规格	上机印刷纸尺寸 /mm	可选市售纸尺寸 /mm	成品展开长度 /mm
18	96	竖本	74×140	5折	横5竖2	10	1×2	横0竖1	4	六开	396×312	787×1092M	370
				6折	横6竖3	12	1×3	横0竖2	5	六开	496×458	1000×1400M	444
		横本	140×74	单张	横3竖5	2	3×5	横2竖4	0	六开	458×420	1000×1400M	140
				对折	横2竖4	4	1×4	横0竖3	1	六开	306×340	787×1092M	280
				3折	横3竖4	6	1×4	横0竖3	2	六开	446×324	889×1194M	420
19	128	竖本	74×105	单张	横6竖4	2	6×4	横5竖3	0	六开	496×464	1000×1400M	74
				对折	横6竖4	4	3×4	横2竖3	1	六开	482×464	1000×1400M	148
				3折	横6竖4	6	2×4	横1竖3	2	六开	476×464	1000×1400M	222
				4折	横4竖3	8	1×3	横0竖2	3	六开	322×353	787×1092M	296
				5折	横5竖3	10	1×3	横0竖3	4	六开	390×353	787×1092M	370
				6折	横6竖4	12	1×4	横0竖3	5	六开	470×464	1000×1400M	444
		横本	105×74	单张	横4竖5	2	4×5	横3竖4	0	六开	464×420	1000×1400M	105
				对折	横4竖5	4	2×5	横1竖4	1	六开	446×420	900×1280M	210
				3折	横3竖4	6	1×4	横0竖3	2	六开	341×340	787×1092M	315

续表

序号 /开	开本数 /开	开本形式	开本尺寸 /mm	折页装形式	排版页数（横×竖）/页	页码 /页	排版方式（每行个数×行数）	印后切断次数 /次	折页 /次	上机纸规格	上机印刷纸尺寸 /mm	可选市售纸尺寸 /mm	成品展开长度/mm
19		横本	105×74	4折	横4竖5	8	1×5	横0竖4	3	六开	446×420	900×1280M	420
20	192	方本	74×70	单张	横6竖5	2	6×5	横5竖4	0	六开	496×400	1000×1400M	74
				对折	横6竖5	4	3×5	横2竖4	1	六开	482×400	1000×1400M	148
				3折	横6竖5	6	2×5	横1竖4	2	六开	476×400	1000×1400M	222
				4折	横4竖4	8	1×4	横0竖3	3	六开	322×324	787×1092M	296
				5折	横5竖4	10	1×4	横0竖3	4	六开	390×324	787×1092M	370
				6折	横6竖5	12	1×5	横0竖4	5	六开	470×400	1000×1400M	444
		方本	70×74	单张	横6竖5	2	6×5	横5竖4	0	六开	476×420	1000×1400M	70
				对折	横6竖5	4	3×5	横2竖4	1	六开	458×420	1000×1400M	140
				3折	横6竖5	6	2×5	横1竖4	2	六开	446×420	900×1280M	210
				4折	横4竖4	8	1×4	横0竖3	3	六开	306×340	787×1092M	280
				5折	横5竖4	10	1×4	横0竖3	4	六开	376×340	787×1092M	350
				6折	横6竖5	12	1×5	横0竖4	5	六开	446×420	900×1280M	420

注：成品展开长度是指折页装成品展开后的长度；印后切断次数、折页次数的多少，涉及生产成本多少；大宗用纸可按上机印刷纸规格横竖各加6mm向造纸厂专项订货；印后切断次数，不论使用哪种规格的印刷机印刷，都会产生印刷后成品的裁切工序，裁切尺寸可按上机印刷纸规格的印刷后成品及开本数及开本尺寸；斜体字为非书刊开本数及开本尺寸。